财务大数据分析与决策

揭志锋　主编

合肥工业大学出版社

前 言

本书在编写过程中,深入贯彻习近平新时代中国特色社会主义思想,特别是习近平总书记关于大数据和财务工作的重要论述,同时紧密结合党的二十大精神,致力于培养适应新时代需求的高素质应用型财务人才。

在编写思路和原则的确定上,本书一方面以"Python基础"和"数据挖掘与算法"为依托,应用新道云平台(即用友分析云,网址:https://cloud.seentao.com/),采用了"数据+工具+算法+场景"的教学模式;另一方面,积极适应新形势下高等院校向培养应用型财务人才转型的新需求,遵循"强技能、重能力、求创新、重应用"的原则。在知识内容的选取上,本书按照"够用、适用、实用、新颖"的要求,系统地介绍了财务大数据的基本原理、基本技能及基本方法。通过在新道云平台嵌入最新实例和相应练习操作,读者能够深入理解并应用相关知识点,为后续课程的学习和大数据财务实验实训奠定了坚实基础。

本书具有以下显著特色:

第一,本书严格遵循习近平总书记在全国高校思想政治工作会议上的重要讲话精神,积极践行社会主义核心价值观,以立德树人为根本任务,将专业教育与思想政治教育有机融合。在各个章节中,本书特别设计了"思政园地"栏目,旨在强化课程思政元素,进一步夯实本书的专业育人功能。该栏目按照党的二十大提出的"实施科教兴国战略,强化现代化建设人才支撑"的重要部署,强调财务大数据分析与决策在现代化建设中的重要作用,以激励学生努力学习专业知识,为国家的现代化建设贡献智慧和力量。

第二,本书充分体现了大数据处理的完整链条思维,包括业务理解、数据收集、数据预处理、数据分析与挖掘,以及报告撰写等关键环节。通过在新道云平台上进行基于企业真实场景的实战训练,本书旨在培养学生掌握财务大数据分析项目的基本流程,提升他们在可视化工具分析使用和数据挖掘分析建模方面的应用能力。同时,本书注重培养学生的数据处理能力、数据挖掘与建模能力、行业洞察能力、企业财务状况分析能力、企业经营状况分析能力及撰写分析报告的能力,从而使他们在实务操作中能尽快适应岗位的需要。

第三,本书坚持理论与实践相结合的原则。在理论层面,本书深入阐述了财务大数据的基本知识和基本技能,确保知识结构合理、逻辑严密。在实践层面,本书将理论知识与具体实例相结合,帮助学生解决实务中的实际问题,提升他们分析和解决问题的能力。此外,本书每章开头设有"学习目标"栏目,为教学提供明确的方向;在对应练习的环节,则采用相应图、表、例题等形式进行形象直观地阐述。同时,通过案例引入引发学生思考,激发他们的好奇心和求知欲;通过设置"任务",帮助学生有计划、有步骤地掌握和应用知识。

第四,本书注重"通"和"专"的结合。在突出财务大数据分析与决策的专业特色的同时,本书充分考虑了与其他专业课程的衔接及对后续课程的铺垫作用。在介绍基本知识和基本技能时,本书力求言简意赅、通俗易懂,通过由浅入深、循序渐进的内容安排,构建全书知识结构体系。

本书的编写工作是在江西应用科技学院具有丰富的实际教学经验的教师,以及用友新道科技股份有限公司专业实践专家的共同努力下完成的。具体参与编写人员分别为来自企业方(用友新道)的丁立波、何胜利、王文江和江西应用科技学院教师揭志锋、黄娟、黄漂、朱振玲,全书由揭志锋负责统筹、大纲确定、统稿和定稿。在本书编写过程中,编者们参阅了大量同类教材与最新科研成果,也通过走访多家相关企业并采用"校企合作""产教融合"等方式在本书中融入了财务大数据分析与决策的相关实务情况。在此过程中,编者们得到了多家企业及有关院校师生的支持与帮助,对此,我们表示衷心的感谢。

尽管编者们投入了大量时间和精力进行本书的编撰工作,但由于水平有限,书中难免存在疏漏和不足之处。我们诚挚地欢迎各位专家学者和广大读者提出宝贵的批评和建议,以便我们不断完善和提高。让我们携手共进,为培养更多适应新时代需求的高素质应用型财务人才贡献力量。

编　者

2024 年 2 月

目　　录

第一章　大数据认知

【学习目标】

- 了解大数据及大数据应用
- 了解大数据的发展史
- 掌握大数据的本质
- 掌握大数据的分类
- 掌握大数据的算法

第一节　大数据时代

大数据源于互联网的发展。互联网运行产生了海量信息数据,互联网快速发展创造了大数据应用的规模化环境,而大数据计算技术完美地解决了海量数据收集、存储、计算、分析的问题。互联网企业的创新带来了大数据应用的活跃,可以说,没有互联网便没有今天的大数据产业。

美国互联网数据中心指出,互联网上的数据每年将增长50%,每两年便将翻一番,而目前世界上90%以上的数据是最近几年才产生的。数据并非单纯指人们在互联网上发布的信息,应用大数据则以多元形式产生。比如,全世界的工业设备、汽车、电表等装置上有着无数的数码传感器,随时测量和传递着有关位置、运动、震动、温度、湿度乃至空气中化学物质的变化,这也产生了海量的数据信息。

最早提出"大数据"时代到来的是全球知名的麦肯锡咨询公司。麦肯锡公司称:"数据,已经渗透到当今每一个行业和业务职能领域,成为重要的生产因素。人们对于海量数据的挖掘和运用,预示着新一波生产率增长和消费者盈余浪潮的到来。"大数据在物理学、生物学、环境生态学等学科领域及军事、金融、通信等行业的存在已有时日,只是因为近年来互联网和信息行业的飞速发展而引起人们关注。

2012年,大数据一词越来越多地被提及,人们用它来描述和定义信息爆炸时代产生的海量数据,并命名与之相关的技术发展与创新。

2017年3月5日,国务院总理李克强在《政府工作报告》中指出,2017年工作的重点任务之一是加快培育新兴产业,促进数字经济加快成长,让企业广泛受益、群众普遍受惠。这是"数字经济"首次被写入政府工作报告。

现阶段,数字化技术、商品与服务不仅在向传统产业进行多方向、多层面与多链条的加速渗透,即产业数字化,而且在推动诸如互联网数据中心(Internet Data Center,IDC)

建设与服务等数字产业链和产业集群的不断发展壮大,即数字产业化。我国重点推进建设的 5G 网络、数据中心、工业互联网等新型基础设施,本质上就是围绕科技新产业的数字经济基础设施,由此可见,数字经济已成为驱动我国经济实现高质量发展的一个重要新引擎,数字经济所催生出的各种新业态,也将成为我国经济新的重要增长点。大数据已成为数字经济这种全新经济形态的关键生产要素,通过数据资源的有效利用及开放的数据生态体系,使得数字价值充分释放,可以驱动传统产业的数字化转型升级和新业态的培育发展,提高传统产业劳动生产率,培育新市场和产业新增长点,从而促进数字经济持续发展创新。

第二节　生活中的大数据

在现今社会,大数据应用越来越彰显出优势,涉及的领域也越来越大,电子商务、O2O、物流配送等,各种利用大数据进行发展的领域正在协助企业不断地发展新业务,创新运营模式。大数据的概念与运用,使企业在消费者行为的判断、产品销售量的预测、精确的营销范围及存货补给等方面的运营,得到了全面改善与优化。

一、大数据在金融行业的应用

金融行业是运用大数据技术最频繁的一个行业,证券公司和银行经常会运用大数据技术进行数据分析,并通过对数据的监控和分析,有效规避风险。

当前,金融行业面临着巨大挑战,包括证券欺诈预警、超高金融分析、信用卡欺诈和企业信用风险等一系列数据风险挑战,以及行业内面临的种种问题,这些都需要大数据发挥其预测的核心功能,从而帮助企业有效规避风险。

二、大数据在娱乐媒体的运用

大数据对各个行业都有涉足,例如,通过社交媒体明星粉丝数量和行业内新闻动态分析,可以预测影视视频播放量和受喜爱程度;通过智能产品点击数量和浏览量,可以推测用户个性偏好,并且可以推荐其喜爱的产品。

针对一些热播影视剧,通过大数据分析,选取适合网友的视频偏好和明星选择,可以造成轰动的播放量。而且针对社交媒体和娱乐行业的大数据分析,也能引导观众和粉丝,让其为娱乐产业消费。

三、大数据在医疗行业的运用

用户通过手机健康 App 中的健康步数和锻炼情况统计,记录自身的健康状况,可以预测可能发生的疾病,这就是在运用大数据技术,通过一系列的记录与分析,预测可能要发生的事情并且及时解决。医疗行业可以通过对用户身体情况和大量病例数据的分析,提高医疗行业的监控力度,并且进行有效检测,以降低用户患病率。

第三节　大数据简史

　　大数据在发展过程中,出现了一系列具有重大意义的事件。

　　2005 年,Hadoop 项目诞生。Hadoop 最初只是雅虎公司用来解决网页搜索问题的一个项目,后来因其技术的高效性,被 Apache Software Foundation 公司引入并成为开源应用。Hadoop 本身不是一个产品,而是由多个软件产品组成的一个生态系统,这些软件产品共同实现全面功能和灵活的大数据分析。从技术上看,Hadoop 由两项关键服务构成,分别为采用 Hadoop 分布式文件系统(HDFS)的可靠数据存储服务和利用一种叫作 MapReduce 技术的高性能并行数据处理服务。这两项服务的共同目标是提供一个使对结构化和复杂数据进行快速、可靠分析变为现实的基础。

　　2008 年年末,大数据得到部分美国知名计算机科学研究人员认可,业界组织计算社区联盟(Computing Community Consortium)发表了一份有影响力的白皮书《大数据计算:在商务、科学和社会领域创建革命性突破》。它使人们的思维不再局限于数据处理的机器,而是提出大数据真正重要的是新用途和新见解,并非数据本身。计算社区联盟可以说是最早提出大数据概念的机构。

　　2009 年,印度政府建立了用于身份识别管理的生物识别数据库。联合国全球脉冲项目研究了如何利用手机和社交网站数据源来分析预测从螺旋价格到疾病暴发之类的问题。

　　2010 年 2 月,肯尼斯·库克尔在《经济学人》上发表了一份长达 14 页的大数据专题报告——《数据,无所不在的数据》。库克尔在报告中提到:"世界上有着无法想象的巨量数字信息,并以极快的速度增长。"从经济界到科学界,从政府部门到艺术领域,很多方面都已经感受到了这种巨量信息的影响。科学家和计算机工程师已经为这个现象创造了一个新词汇,即"大数据"。库克尔也因此成为最早洞见大数据时代发展趋势的数据科学家之一。

　　2011 年 2 月,IBM 的沃森超级计算机每秒可扫描并分析 4 TB(约 2 亿页文字量)数据量,并在美国著名智力竞赛电视节目《危险边缘》(*Jeopardy*)上击败两名人类选手而夺冠。后来《纽约时报》认为这是一个"大数据计算的胜利"。

　　2011 年 5 月,全球知名咨询公司麦肯锡的全球研究院(MGI)发布了一份报告——《大数据:创新、竞争和生产力的下一个新领域》,大数据开始备受关注,这也是专业机构第一次全方面介绍和展望大数据。报告指出,大数据已经渗透到当今每一个行业和业务职能领域,成为重要的生产因素。人们对于海量数据的挖掘和运用,预示着新一波生产率增长和消费者盈余浪潮的到来。报告还提到,"大数据"源于数据生产和收集能力与速度的大幅提升——由于越来越多的人、设备和传感器通过数字网络连接起来,产生、传送、分享和访问数据能力也得到了彻底变革。

　　2011 年 11 月 28 日,我国工业和信息化部印发《物联网"十二五"发展规划》,提出将信息处理技术作为 4 项关键技术创新工程之一,其中包括了海量数据存储、数据挖掘、图像视频智能分析,这些都是大数据的重要组成部分。

2012年1月,在瑞士达沃斯召开的世界经济论坛上,大数据是主题之一,会上发布的报告《大数据,大影响》(*Big Data,Big Impact*)宣称,数据已经成为一种新的经济资产类别,就像货币或黄金一样。

2012年7月,为挖掘大数据的价值,阿里巴巴集团在管理层设立"首席数据官"一职,负责全面推进"数据分享平台"战略,并推出大型数据分享平台——"聚石塔",为天猫、淘宝平台上的电商及电商服务商等提供数据云服务。随后,集团在2012年网商大会上声称从2013年1月1日起将转型重塑平台、金融和数据三大业务,其重要性在于"假如我们有了一个数据预报台,就像为企业装上了一个GPS和雷达,企业的出海将会更有把握"。因此,阿里巴巴集团希望通过分享和挖掘海量数据,为国家和中小企业提供服务。此举是国内企业最早把大数据提升到企业管理层高度的一个重大里程碑。阿里巴巴也是最早提出通过数据进行企业数据化运营的企业。

2014年,"大数据"首次出现在当年的《政府工作报告》(以下简称《报告》)中。《报告》中指出,要设立新兴产业创业创新平台,在大数据等方面赶超先进,引领未来产业发展。"大数据"随即成为国内热议词汇。

2015年,国务院正式印发《促进大数据发展行动纲要》(以下简称《纲要》),《纲要》明确,推动大数据发展和应用,在未来5至10年打造精准治理、多方协作的社会治理新模式,建立运行平稳、安全高效的经济运行新机制,构建以人为本、惠及全民的民生服务新体系,开启大众创业、万众创新的创新驱动新格局,培育高端智能、新兴繁荣的产业发展新生态。这标志着大数据正式上升为国家战略。

2016年,《大数据产业发展规划(2016—2020年)》(以下简称《规划》)开始征求专家意见并进行了集中讨论和修改。《规划》涉及的内容包括推动大数据在工业研发、制造、产业链全流程各环节的应用;支持服务业利用大数据建立品牌、精准营销和定制服务等。

2017年1月,工业和信息化部编制印发《大数据产业发展规划(2016—2020年)》,提出的发展目标为:到2020年,技术先进、应用繁荣、保障有力的大数据产业体系基本形成;大数据相关产品和服务业务收入突破1万亿元,年均复合增长率保持30%左右,加快建设数据强国,为实现制造强国和网络强国提供强大的产业支撑。

2018年7月,工业和信息化部印发《推动企业上云实施指南(2018—2020年)》,明确到2020年,力争实现企业上云环境进一步优化,行业企业上云意识和积极性明显提高,上云比例和应用深度显著提升,云计算在企业生产、经营、管理中的应用广泛普及,全国新增上云企业100万家,形成典型标杆应用案例100个以上,形成一批有影响力、有带动力的云平台和企业上云体验中心。

2019年,大数据连续6年被写入《政府工作报告》,并且党的十九届四中全会首次公开提出:数据可作为生产要素按贡献参与分配。

2020年4月,《中共中央国务院关于构建更加完善的要素市场化配置体制机制的意见》(以下简称《意见》)正式公布。《意见》分类提出了土地、劳动力、资本、技术、数据5个要素领域改革方向,明确了完善要素市场化配置的具体举措。这是中央第一份关于要素市场化配置的文件,而数据作为一种新型生产要素也是首次正式出现在官方文件中。

2021 年,IDC 发布的《中国数字政府大数据管理平台市场份额,2021》显示,2021 年中国数字政府大数据管理平台整体规模达 49.6 亿元,年复合增长率为 25.3%,处于稳步增长阶段。中国正从数据大国稳步迈向数据强国。

第四节 大数据本质

一、大数据的定义

大数据(big data,mega data),或称为巨量资料,指的是无法在一定时间范围内应用常规软件工具进行捕捉、管理和处理的数据集合,是需要新处理模式才能具有更强的决策力、洞察发现力和流程优化能力的海量、高增长率和多样化的信息资产,是大的数据量与现代化信息技术环境相结合而出现的结果。大数据以多元形式,从许多来源搜集庞大数据组,往往具有实时性特点。比如,在企业对企业销售的情况下,这些数据可能来自社交网络、电子商务网站、顾客来访记录等,但还有许多其他来源。

二、大数据的特征

随着信息技术飞速发展,大数据已经成为当今时代的重要特征之一。大数据不仅指数据量大幅度增长,更涵盖了数据类型多样性、处理速度提升及数据价值密度变化等多个方面。

（一）数据量大（Volume）

传统数据处理单位通常以 GB 或 TB 为单位,而大数据的起始计量单位则至少是 P(PetaByte,1000 个 TB)、E(ExaByte,100 万个 TB)或 Z(ZettaByte,10 亿个 TB)。这种海量数据规模使得传统数据处理方法和技术难以应对,需要采用更为高效和先进的技术手段进行处理和分析。

（二）类型繁多（Variety）

在传统数据处理中,数据主要以结构化数据为主,如数据库中的表格数据等。然而,在大数据时代,数据类型变得极为丰富多样,包括结构化数据、半结构化数据和非结构化数据等。例如,社交媒体上的文本、图片和视频,物联网设备产生的实时数据,以及各种日志文件等,都属于非结构化数据的范畴。这种多类型数据对数据的处理能力提出了更高要求,需要采用更为灵活和强大的数据处理技术。

（三）价值密度低（Value）

在海量数据中,真正有价值的信息可能只占据很小的一部分。例如,在物联网应用中,传感器产生的数据量是巨大的,但其中真正有用的信息可能只是很少的一部分。因此,如何从海量数据中提取有价值的信息,成为大数据时代亟待解决的难题。这需要采用先进的机器学习和数据挖掘技术,对数据进行高效的处理和分析,以实现数据价值的最大化。

(四)速度快、时效高(Velocity)

在传统数据处理中,数据处理速度相对较慢,而且时效性要求不高。然而,在大数据时代,数据产生速度和处理速度都非常快,而且往往需要在很短时间内完成数据处理和分析。例如,在实时监控系统中,需要实时处理和分析大量数据,以便及时发现和解决问题。这种快速数据处理和分析能力对大数据技术要求非常高,需要采用分布式处理、流处理等先进技术来实现。

大数据具有的这些特征使得大数据处理和分析变得更加复杂和困难,但同时也提供了更多的机会和挑战。通过不断的技术创新和应用探索,我们可以更好地利用大数据的价值,推动社会的快速发展和进步。大数据的特征及描述见表1-1所列。

表 1-1 大数据的特征及描述

特征	描述
数据量大(Volume)	2018 年全球新产生的数据量为 33 ZB,中国产生 7.6 ZB,美国产生 6.9 ZB,超过人类有史以来所有印刷材料数据总量
数据类别多(Variety)	结构化数据、半结构化数据、非机构化数据
数据价值密度低(Value)	价值需要深度挖掘,原数据本身价值低
数据时效性强(Velocity)	大数据往往以数据流的形式动态、快速地产生,具有很强的时效性

三、大数据与传统数据的区别

随着信息技术的进步,大数据逐渐走进人们的生活,并与传统数据形成鲜明对比。二者在多个方面存在着本质区别,而这些区别又在数据处理、分析和应用的过程中产生了深远的影响。

(一)数据对象:有限的采样样本与全数据样本

传统数据的处理和分析通常基于有限的采样样本。这些样本可能是从总体数据中随机抽取的,也可能是根据某种特定条件选择的。由于样本数量有限,传统数据分析的结果往往存在一定的误差和偏差。

相比之下,大数据处理的是所有可用的数据,即全数据样本。这种处理方式使得大数据能够更全面地反映事物的真实情况,减少误差和偏差的产生。同时,全数据样本也为数据分析提供了更丰富的信息和视角,使得分析结果更加准确和全面。

(二)分析要求:追求结果的精确性与允许不精确和不完美

传统数据分析在追求结果的精确性方面有着很高的要求。这需要对数据进行严格的清洗、整理和转换,以确保数据的准确性和可靠性。同时,在分析方法上也需要采用更为复杂和精确的统计模型和算法,以获得更加准确的分析结果。

然而,在大数据时代,由于数据量的巨大和复杂性的增加,追求结果的精确性变得不再现实。因此,大数据分析允许存在一定的不精确和不完美。这并不是说大数据分析不重视数据的准确性,而是说在大数据的背景下,需要接受一定程度的数据不完美性,并在分析过程中进行相应的调整和优化。

(三)分析结论:强调因果关系与注重关联关系

传统数据分析在得出结论时,通常强调因果关系。也就是说,它试图找出事物之间的直接联系和原因,以便更好地理解事物的本质和规律。这种分析方法在科学研究和社会调查中有着广泛的应用。

然而,在大数据时代,由于数据量的巨大和复杂性的增加,找出事物之间的因果关系变得异常困难,因此,大数据分析更加注重结论背后的关联关系。它试图找出事物之间的相关性,总结相关规则,但并不关心因果关系。这种分析方法在预测和决策等领域有着广泛的应用,可以帮助人们更好地理解和应对复杂多变的世界。

大数据与传统数据的区别见表1-2所列。

表1-2 大数据与传统数据的区别

类别	传统数据	大数据
数据对象	有限的采样样本	所有可用的数据,全数据样本
分析要求	追求结果的精确性	允许不精确和不完美,接受模糊的结论
分析结论	强调结论背后的因果关系	注重结论背后的关联关系,总结相关规则,并不关心因果关系

第五节 大数据分类

在大数据时代,数据的来源和形式愈发多样化和复杂化。为了更好地处理和分析这些数据,首先需要了解数据的基本分类。从数据类型的角度来看,大数据可以分为结构化数据、半结构化数据和非结构化数据3类。

一、结构化数据

结构化数据,又称为行数据,是一种严格按照数据格式和长度规范进行组织和存储的数据类型。它的最大特点是具有固定的数据结构,通常以二维表的形式存在,并通过关系型数据库进行管理和查询。结构化数据的典型应用场景包括企业的 ERP 和财务系统、医疗行业的 HIS 数据库、教育领域的一卡通系统及政府的行政审批系统等。

结构化数据的优点在于其规则性和标准性,这使得数据的存储、查询和分析变得相对简单和高效。然而,随着大数据的快速发展,仅仅依赖结构化数据已经无法满足日益复杂的数据处理需求。

二、半结构化数据

与结构化数据相比,半结构化数据具有一定的结构性,但并不是完全符合关系型数据库或其他数据表的形式关联起来的数据模型结构。这意味着同一类实体可以有不同的属性,并且这些属性的顺序并不重要。常见的半结构化数据格式包括 XML、HTML 和 JSON 等。

半结构化数据实际应用非常广泛,如网页数据、日志文件、邮件文本等。由于其结构的不规则性和灵活性,半结构化数据在处理和分析时通常需要更复杂的技术和方法,如数据挖掘、自然语言处理等。

三、非结构化数据

非结构化数据是数据结构不规则或不完整的一类数据,没有预定义的数据模型,因此无法用数据库的二维逻辑表来表示。非结构化数据的格式非常多样,包括办公文档、文本、图片、音频、视频信息等。由于其结构的多样性和不规则性,非结构化数据在存储、检索、发布和利用方面都需要更加智能化的 IT 技术。

非结构化数据的大规模增长给数据处理和分析带来了巨大的挑战。为了有效地利用这些数据,需要采用更先进的技术和方法,如海量存储技术、智能检索技术、知识挖掘技术、内容保护技术等。同时,随着人工智能和机器学习技术的不断发展,人类也能够更好地从非结构化数据中提取有价值的信息和知识。

结构化数据、半结构化数据和非结构化数据构成了大数据的主要类型。每种类型的数据都有其独特的特点和应用场景,需要根据具体的需求和场景选择合适的数据类型和处理方法。归纳起来,大数据的类型可从表现形式和典型场景进行区分,具体见表1-3所列。

表 1-3 大数据的类型

数据类型	表现形式	典型场景
结构化数据	数据库、表等	企业 ERP、财务系统、HR 数据库等
半结构化数据	邮件、HTML、报表等	邮件系统、网页信息、报表系统等
非结构化数据	文本、图片、视频、音频等	在线视频内容、音频内容、图形图像等

第六节 大数据算法

大数据处理的是各种各样的数据,如数字、文字、图像、音频、视频等。海量的数据处理需要挖掘出隐含在其中的有价值、潜在有用的信息,才能做出预测,实现决策支持,这个过程叫作大数据挖掘。大数据挖掘主要基于人工智能、机器学习、模式学习、统计学等,会涉及一些算法模型的应用。

常见的大数据挖掘算法有回归分析、分类分析、聚类分析、时间序列分析、文本挖掘等。

一、回归分析

回归分析是一种统计方法,研究的是因变量与自变量之间的关系。这种关系通常被表达为一个回归方程,该方程描述了一个或多个自变量如何影响因变量。回归分析的主要目标是确定这种关系的强度和方向,并据此预测因变量的未来值。

（一）一元回归分析与多元回归分析

1. 一元回归分析

当研究的因果关系只涉及一个自变量和一个因变量时，称为一元回归分析。例如，研究广告投入（自变量）与销售量（因变量）之间的关系，在这种情况下，回归方程将只有一个自变量。

2. 多元回归分析

当研究的因果关系涉及两个或两个以上的自变量和一个因变量时，称为多元回归分析。例如，除了广告投入，可能还想考虑产品质量、价格等因素对销售量的影响，在这种情况下，回归方程将包含多个自变量。

（二）回归分析与预测

回归分析在实际业务中应用广泛，尤其是在预测未来事件方面。通过构建回归模型，可以使用历史数据来预测未来的趋势。例如，基于过去的销售数据、广告投入、季节性等因素，可以预测未来的销售量，从而能够为企业制定更加精准的销售和营销策略。

二、分类分析

分类是数据挖掘和机器学习中的一个重要方法。它的目的是将数据库中的对象或数据项划分为不同的类别，使得同一类别内的数据对象具有相似的属性或特征。

（一）分类的目的

分类的主要目的是通过构建分类模型，将新的、未知的数据项映射到预先定义的类别中。这种映射通常基于数据对象的某些特征或属性。例如，在电商领域，基于用户的购买历史、浏览行为等数据，可以将用户划分为不同的类别，如"高价值用户""潜在流失用户"等，从而为这些用户提供更加个性化的服务和推荐。

（二）分类的应用

分类分析在多个领域都有广泛的应用，包括但不限于以下几种情况：

（1）应用分类：例如，在推荐系统中，根据用户的兴趣和行为，将用户划分为不同的类别，然后为每个类别推荐相应的内容或产品。

（2）趋势预测：基于历史数据的分类结果，可以预测未来的趋势或变化。例如，通过分析用户在一段时间内的购买情况，预测其未来的购买偏好或行为。

（3）市场细分：在市场营销中，通过分类将市场划分为不同的细分市场，以便更好地了解目标客户的需求和行为，从而制定更加精准的营销策略。很多算法都可以用于分类，如决策树、KNN、朴素贝叶斯等，更多的分类算法如图 1－1 所示。

三、聚类分析

聚类分析是一种无监督的机器学习方法，旨在将数据集中的对象或数据点根据它们之间的相似性进行分组，形成多个簇。每个簇内的数据点彼此相似，而不同簇之间的数据点则尽可能不相似。这种分组的过程是自动的，不需要事先定义类别或标签。

（一）聚类与分类的区别

与分类不同，聚类分析不需要事先知道数据的真实类别。它完全基于数据点之间的

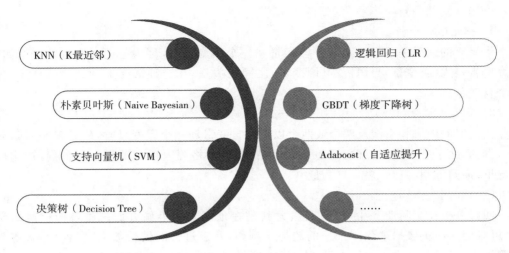

KNN（K最近邻）

逻辑回归（LR）

朴素贝叶斯（Naive Bayesian）

GBDT（梯度下降树）

支持向量机（SVM）

Adaboost（自适应提升）

决策树（Decision Tree）

······

图1-1 分类算法

相似性来划分簇，因此，聚类的结果往往是对数据内在结构的探索和发现。

（二）常见的聚类算法

聚类分析用于将数据点组织成有意义的组或簇。这些组内的数据点通常彼此相似，而不同组的数据点则具有较大的差异。常见的聚类算法有K-means算法和期望最大化算法（EM）。

1. K-means 算法

K-means 算法是一种迭代算法，用于将数据点划分为 k 个簇。该算法的目标是最小化每个数据点到其所属簇的质心（即簇内所有数据点的平均值）的欧氏距离的平方和。

（1）算法步骤

① 初始化：首先选择 k 个点作为初始的簇质心，这些点可以是随机选择的，也可以是基于某种启发式策略选择的。

② 分配数据点到最近的簇：对于每个数据点，计算它到每个簇质心的距离，并将其分配给最近的簇。

③ 更新簇质心：对于每个簇，计算所有分配给该簇的数据点的平均值，并将该平均值设置为新的簇质心。

④ 迭代：重复步骤②和③，直到簇质心不再发生显著变化或达到预定的迭代次数。

（2）优点

该算法简单直观，易于实现；对于大数据集，计算效率较高。

（3）缺点

该算法需要预先确定簇的数量，这可能需要一些经验和实验；对初始簇质心的选择敏感，可能导致不同的聚类结果；对噪声和异常值敏感。

2. 期望最大化算法（Expectation Maximization，EM）

期望最大化算法是一种迭代算法，主要用于高斯混合模型（Gaussian Mixture Model，GMM）的参数估计。GMM 是一种概率模型，用于描述数据点由多个高斯分布混合而成的情况。

（1）算法步骤

① 初始化：选择高斯混合模型的参数（如每个高斯分布的均值、协方差和混合权重）的初始值。

② E 步（期望步）：根据当前的模型参数，计算每个数据点属于每个高斯分布的概率（也称为责任度）。

③ M 步（最大化步）：使用 E 步中计算的责任度来更新高斯混合模型的参数，以最大化观测数据的对数似然函数。

④ 迭代：重复步骤②和③，直到模型参数不再发生显著变化或达到预定的迭代次数。

（2）优点

该算法能够处理数据的不确定性；可以发现数据中的复杂结构。

（3）缺点

该算法需要预先确定高斯分布的数量，这可能需要一些实验和验证；对于大型数据集，计算可能较为耗时；对初始化敏感，可能导致局部最优解。

上述两种算法在实际中都有广泛的应用，选择哪种算法取决于具体的数据特征、问题和需求。

（三）商业应用

在商业领域，聚类分析被广泛应用于客户细分、市场定位和产品推荐等方面。例如，通过分析客户的购买历史、浏览行为等数据，可以将客户划分为不同的群体，从而能够制定更加精准的营销策略。

四、时间序列分析

时间序列是一种特殊类型的数据结构，它按照时间顺序记录了某个现象或指标随时间变化的数值。这种数据结构为分析数据的长期趋势、季节性影响、周期性变化等提供了重要工具。时间序列分析在多个领域，如经济学、金融学、气象学、医学等都有着广泛的应用。

（一）时间序列的组成

时间序列由两个核心要素构成，即时间要素和数据要素。

1. 时间要素

（1）时间单位

时间单位指的是数据点所对应的具体时间刻度，可以是年、季、月、日、小时、分钟等。不同的时间单位反映了数据点之间的时间间隔和频率。

（2）时间长短

时间长短指的是时间序列覆盖的总时间跨度。时间长短的选择会影响分析的精度和深度。例如，一个覆盖了几十年的时间序列可能更适合分析长期趋势，而一个覆盖了几个月或几周的时间序列可能更适合分析短期变化或季节性影响。

2. 数据要素

（1）变量值

变量值指的是在特定时间点上，所关注的现象或指标的实际数值。这些数值可以是定量的(如温度、销售额等),也可以是定性的(如事件发生的次数、是否发生某事件等)。

(2)数据点的时间位置

在时间序列中,每个数据点的位置都是由其对应的时间来确定的。这意味着即使两个数据点的数值相同,但如果它们发生的时间不同,它们在时间序列中的意义也可能完全不同。

(二)时间序列分析的作用

时间序列分析在数据分析中扮演着重要角色,其作用主要体现在以下几个方面:

1. 揭示数量特征

通过观察时间序列,可以直观地了解现象或指标的数量变化特征。例如,通过查看某地区近十年的气温时间序列,可以发现气温的总体趋势是上升还是下降,以及是否存在明显的季节性变化。这些数量特征对于理解和解释现象背后的原因和机制具有重要意义。

2. 反映趋势和规律

时间序列分析可以帮助揭示现象或指标随时间变化的趋势和规律。例如,通过分析一个国家的 GDP 时间序列,可以发现该国经济是否处于增长或衰退阶段,以及是否存在周期性波动。这些趋势和规律为预测未来提供了重要依据,有助于决策者制定合理的政策和规划。

3. 揭示内在原因

通过深入分析时间序列,还可以揭示现象变化的内在原因。例如,通过分析某个行业的销售时间序列,可以发现销售额的下降是消费者偏好的改变、竞争对手的崛起,还是宏观经济环境的变化等原因造成的。这些内在原因的揭示有助于人们更深入地理解现象的本质和背后的逻辑,为进一步的研究和决策提供可靠的数量信息。

时间序列分析是一种强大的工具,它可以帮助人们深入了解现象的数量特征、趋势和规律,揭示内在原因,并为预测和决策提供有力支持。在数据驱动的时代,掌握时间序列分析技能对于从事各种领域的研究和实践工作都具有重要意义。

五、文本挖掘

文本挖掘是从大量文本数据中提取有价值的信息和知识的过程。文本挖掘结合了自然语言处理、模式分类和机器学习等相关技术,旨在从非结构化的文本数据中挖掘出有用的信息和知识。

(一)文本挖掘的挑战

文本挖掘面临的最大挑战是对非结构化自然语言文本内容的分析和理解。文本数据具有非结构化和自然语言描述的特点,使得文本挖掘比传统的数据分析更加复杂和困难。

(二)文本挖掘的流程

文本挖掘的流程通常包括 3 个主要步骤,即语料获取、原始语料的数据化和内在信息挖掘与展示。

1. 语料获取

进行文本挖掘,首先需要收集大量的文本数据作为分析的基础。这些数据可以有不同的来源,如新闻报道、社交媒体、学术论文等。

2. 原始语料的数据化

获取语料后,需要对原始文本数据进行预处理和转换,将其转化为适合分析的数据格式,包括文本清洗、分词、词性标注、命名实体识别等步骤。

3. 内在信息挖掘与展示

在数据化之后,就可以运用各种算法和技术对文本数据进行深入的挖掘和分析,包括主题模型、情感分析、实体关系抽取等方法。最终,将挖掘得到的信息和知识以可视化的方式展示出来,方便用户理解和使用。

文本挖掘在多个领域都有广泛的应用,如舆情监测、智能问答、推荐系统等。通过文本挖掘,可以从海量的文本数据中提取有价值的信息和知识,为决策和应用提供有力的支持。

思政园地

大数据,既是技术飞跃,也是社会进步的强大引擎,它犹如一面镜子,映照出时代的风云变幻与社会的蓬勃发展。学习者学习大数据,旨在掌握其精髓,运用其力量,为社会进步与发展贡献智慧与力量。然而,大数据应用并非无边界,必须严格遵守法律法规,尊重个人隐私,守护数据安全,在追求技术进步的同时,不能忽视伦理道德。只有技术与伦理并行不悖,才能真正发挥大数据的价值,实现技术与社会发展和谐共生。为此,学习者在掌握大数据技术的道路上,要不忘初心、牢记使命,始终将技术与责任相结合,为构建更加美好、更加智能的未来社会而不懈努力。

第二章　大数据在商业领域中的应用

【学习目标】
● 了解财务大数据
● 了解财务大数据在财务领域中的应用

第一节　大数据分析技术的应用

一、大数据应用概述

(一)大数据最核心的价值是预测

对海量数据进行存储和分析,把数学算法运用到海量的数据上来预测事情发生的可能性是大数据最核心的价值。大数据是继云计算、物联网之后 IT 产业又一次颠覆性的技术变革。云计算为数据资产提供了技术支持手段,而数据才是真正有价值的资产。大数据技术的战略意义在于对数据进行专业化处理。没有互联网、云计算、物联网、移动终端与人工智能组合的环境,大数据将毫无价值。

(二)大数据与信息技术深度融合

大数据离不开云处理,云处理为大数据提供了弹性可扩展的基础设备,是产生大数据的平台之一。自 2013 年开始,大数据技术已经和云计算技术深度融合。物联网、云计算、移动互联网、车联网、手机、平板电脑、PC 及遍布世界各个角落的各种各样的传感器,无一不是数据的来源或者承载方式,包括网络日志、射频识别(Radio Frequency Identification,RFID)、传感器网络、社会网络、社会数据、互联网文本和文件、互联网搜索索引、天文学、大气科学、地球生物学、军事侦察、医疗记录、大规模的电子商务等。

(三)大数据发展趋势

1. 大数据自助服务

大数据技术可以为使用各类报表的部门提供自助式报表服务,基于大数据存储的基础,提供大数据的统一查询服务平台。该平台具有良好的可扩展性,可以快速满足不同数据查询、展现的需求。

2. 智能应用

Gartner 公司副总裁大卫·希尔雷说,无处不在的智能设备提供各种基于大数据的贴心服务,将是科技的未来。智能、数字、网格一直是过去两年的主题,比如,AI(表现为自动化设备和增强智能)与物联网、边缘计算和数字变化结合使用,提供高度集成的智能空间,这种多个趋势融合,从而带来新机会、推动新颠覆的组合效应,正是 Gartner 公司2019 年十大战略性技术趋势的一个特点。

3. 数据挖掘领域的经典算法

数据挖掘是一个从大型数据集中提取有用信息和知识的过程。在这一过程中,有多种经典算法被广泛应用。

（1）C4.5算法

C4.5算法是决策树学习算法中的一种,由Ross Quinlan开发。它是一种分类算法,用于构建决策树。C4.5算法使用信息增益率作为选择测试属性的标准,并允许后剪枝以进行错误纠正。它特别适合处理具有数值和离散属性的数据集,并可以处理不完整的数据和连续属性。

（2）K-means算法

K-means算法是一种无监督的聚类算法,它将n个数据点划分为k个簇,使得每个数据点到其所属簇的质心的距离之和最小。算法通过迭代的方式更新簇质心,直到簇质心不再发生显著变化。K-means算法简单直观,易于实现,是数据挖掘中常用的聚类方法之一。

（3）Support Vector Machine（支持向量机）

支持向量机是一种有监督的学习方法,主要用于分类和回归分析。它的基本思想是在高维空间中找到一个超平面,使得该超平面能够将不同类别的数据点分隔开,并且最大化两个类别之间的边界（即间隔）。支持向量机具有良好的泛化能力和处理高维数据的能力,在数据挖掘和机器学习领域得到了广泛应用。

（4）Apriori算法

Apriori算法是一种用于挖掘布尔关联规则频繁项集的经典算法。它基于事务数据库,通过寻找频繁项集来发现项之间的关联规则。Apriori算法使用事务数据库的先验知识,通过逐层搜索的迭代方式,找出数据库中频繁出现的模式。这些模式可以用于推荐系统、市场篮子分析等场景。

（5）最大期望（EM）算法

最大期望（EM）算法是一种在概率模型中寻找参数最大似然估计的算法。它主要用于含有隐变量的概率模型的参数估计,如高斯混合模型和隐马尔可夫模型。EM算法通过迭代的方式更新模型参数,使得观测数据的对数似然函数值最大化。

（6）PageRank算法

PageRank算法是由Google创始人Larry Page和Sergey Brin提出的,用于衡量网站的价值和重要性。它基于网页之间的链接关系,通过计算每个网页的入度（即被其他网页链接的次数）和出度（即链接到其他网页的次数）,来评估网页的质量和影响力。PageRank算法被广泛应用于搜索引擎的网页排序和推荐系统中。

（7）Adaboost算法

Adaboost算法是一种迭代算法,用于构建强分类器。它的核心思想是针对同一个训练集训练多个不同的弱分类器,然后将这些弱分类器组合起来形成一个更强的最终分类器。Adaboost算法通过调整每个弱分类器的权重和样本权重,使得分类器在后续迭代中更加关注之前分类错误的样本。这种算法在人脸识别、文本分类等领域有着广泛应用。

（8）K 最近邻（KNN）分类算法

K 最近邻分类算法是一种基于实例的学习算法，它根据样本在特征空间中的 k 个最邻近样本的类别来判断该样本的类别。KNN 算法简单直观，无需事先进行训练，但计算量较大。它适用于数据集较小、特征维度较低的情况，并在分类、聚类和回归等任务中表现出色。

（9）分类与回归树（CART）

分类与回归树（CART）是一种决策树学习算法，它采用递归地划分自变量空间的思想来构建决策树。CART 算法既可以用于分类任务，也可以用于回归任务。在分类任务中，CART 算法通过最小化基尼指数来选择划分属性，生成二叉决策树。在回归任务中，CART 算法通过最小化平方误差来选择划分属性，并生成回归树。CART 算法具有易于解释、可视化效果好等优点，在数据挖掘和机器学习领域得到了广泛应用。

二、大数据的应用实践

大数据应用广泛，如电商大数据结合用户画像等进行精准营销；分析和监控金融行业数据，有效规避风险；分析医疗行业中的大量病例、病理报告、治愈方案、药物报告等；监控交通大数据，合理进行道路规划；分析教育大数据，因材施教，改善教育教学；应用到农牧渔领域，降低菜贱伤农等的概率；用于改善安全和执法；等等。

（一）大数据应用实例

以电商为例，要想用好大数据，首先得有好数据，完整链条数据包括以下几个方面：

1. 完整的用户来源数据

主要包括百度搜索、社区搜索、移动 QQ 和其他客户端等的记录。

2. 完整的用户浏览购买数据

主要包括用户浏览习惯、用户对在线服务的要求和习惯、用户如何下单、用户购买频率及消费结构等。

3. 完整的仓储配送数据

主要包括订单中的商品存储在仓库及所在货架的位置、如何按订单取货打包、如何选择配送方式及路线到达用户等。

4. 完整的售后数据

主要包括如何提供售后服务、解决了什么问题等。

5. 完整的供应链数据

主要包括采购、运输、进库存储等数据。

（二）应用成效

【例 2-1】 京东大数据的十大玩法。

（1）前端

用户画像/用户浏览与个性化推荐/用户售前/用户客服（JIMI，>50%的客服对话），京东大数据前端如图 2-1 所示。

（2）智慧卖场/用户惊喜（9 分钟送货），采用京东大数据智慧卖场/用户惊喜，具体如图 2-2 所示。

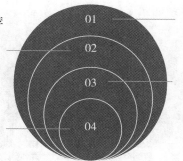

● **用户浏览与个性化推荐**
根据用户需求，在建立好画像的基础上，迅速采用个性化推荐系统，通过不同商品的位置及显示，让消费者看到中意的产品，促成最终购买

● **用户客服**
同样使用JIMI智能机器人，目前，京东50%以上的客服对话来自JIMI，大大降低了成本，提升了满意度

● **用户画像**
从个人画像到家庭画像，再到社区（区域）画像

● **用户售前**
采用京东人工智能和深度学习团队开发的JIMI智能机器人，JIMI具备了深度神经网络的大脑和机器学习的大能力

图 2-1 京东大数据前端图

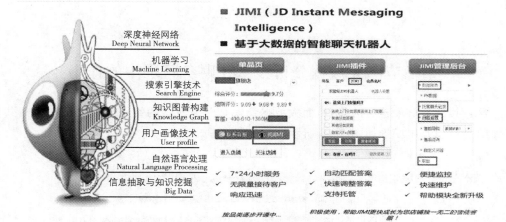

图 2-2 京东大数据智慧卖场/用户惊喜

（3）后端

减少拆单（最大相关性物品）/优化派送路径（100 多个小件仓库中，单品 22→16 秒）/高效配送，京东大数据后端如图 2-3 所示。

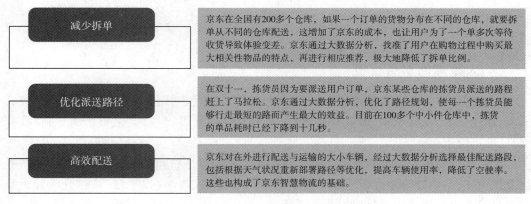

减少拆单	京东在全国有200多个仓库，如果一个订单的货物分布在不同的仓库，就要拆单从不同的仓库配送，这增加了京东的成本，也让用户为了一个单多次等待收货导致体验变差。京东通过大数据分析，找准了用户在购物过程中购买最大相关性物品的特点，再进行相应推荐，极大地降低了拆单比例。
优化派送路径	在双十一，拣货员因为要派送用户订单，京东某些仓库的拣货员派送的路程赶上了马拉松。京东通过大数据分析，优化了路径规划，使每一个拣货员能够行走最短的路而产生最大的效益。目前在100多个中小件仓库中，拣货的单品耗时已经下降到十几秒。
高效配送	京东对在外进行配送与运输的大小车辆，经过大数据分析选择最佳配送路段，包括根据天气状况重新部署路径等优化，提高车辆使用率，降低了空驶率。这些也构成了京东智慧物流的基础。

图 2-3 京东大数据后端图

（4）京东大金融体系如图 2 - 4 所示。

- 京保贝（针对用户）

  在给商户贷款过程中，京东能够迅速决定是否能够贷款、贷款的额度多少，保证在 3 分钟内完成审批放款，让商户能够利用部分金融杠杆，促进商家在京东商城的运营和自身发展。

- 京东白条
  （针对消费者）

  京东白条通过大数据分析，让京东处于一定安全系数之内的同时，几分钟内就能决定是否给个体消费者贷款。

图 2 - 4　京东大金融体系

第二节　大数据分析技术在财务管理中的作用

　　财务共享是财务转型的起点，而大数据管理是财务转型的终点。大数据在财务共享服务中的可能应用场景如图 2 - 5 所示。

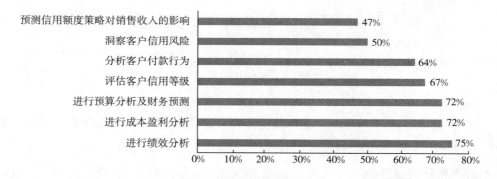

图 2 - 5　大数据在财务共享服务中的可能应用场景

一、大数据的财务价值

　　大数据的财务价值主要体现在对传统业务的支持，包括财务预测与决策支持、经营分析、业绩评价、风险识别、加强控制等；对新型业务的拓展，包括数据资产的评估、数据交易、数据搜索等。

　　大数据的财务价值典型应用主要体现在端到端的供应链可视化、制造企业计划排程优化应用平台；内控合规分析应用平台及财务共享中心工作监控平台，具体升华到大数据项目对企业管理的影响，可见表 2 - 1 所列。

表 2-1 大数据项目对企业管理的影响

影响性质	影响关键点	初始状态	结果状态
当前已有影响	数据状态变化	信息孤岛	信息海洋
	检查数量变化	少量抽查	全面排查
	干预时点变化	事后监督	实时监测
	主导人员变化	技术人员	财务业务人员
	会计职责变化	数据收集	数据分析
	会计方法变化	经验方法	数据规律
	运行形态变化	业财分离	业财融合
未来可能影响	会计分期变化	年月分期	日时分期
	治理结构变化	组织分层	组织扁平
	记账基础变化	权责发生	权责发生＋收付实现

二、大数据分析案例分享

(一)项目背景及过程

1.项目企业

项目中企业为一家以经营加油站为主要经营业务的企业,目前面临的问题如图2-6所示。

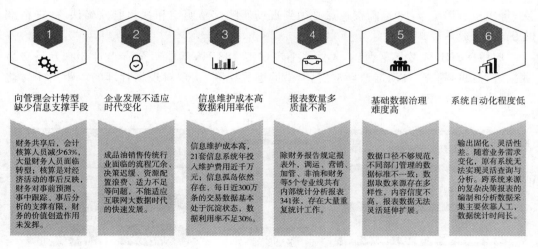

图 2-6 企业目前面临的问题

2.XBRL 标准化＋大数据 XBRL 数据标准化

XBRL 标准化＋大数据 XBRL 数据标准化技术给每项数据都贴上"二维码"标签,能将数据转换为业务和财务人员能直接读懂的语言,有效解决了传统商务智能数据面向 IT 人员的问题;XBRL 跨平台优势,打破了特定软件产品对企业信息的禁锢,能更加有效地管理数据资产,降低企业信息化建设成本;XBRL 颗粒化特点,能够实现多层标记、层层穿透,精准快速地挖掘数据背后的故事,从而实现用户驱动的实时数据分析。XBRL 标准化+大数据 XBRL 数据标准化流程如图 2-7 所示。

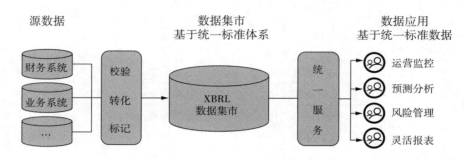

图 2-7　XBRL 标准化+大数据 XBRL 数据标准化流程

3. 找准"出血点",精准风险监控

加油卡套现、油品保管损耗偏差较大等问题,是一直困扰该企业发展的效益"出血点"。通过梳理加油卡、单罐损耗和加油枪泵码 3 大类 23 种风险,可以精确定位风险源头,点对点实时精确稽查。风险监控功能上线后,加油卡风险环比下降 39.6%、单罐损耗异常环比下降 12.5%、泵码异常环比下降 25%,年预计可降低成本费用 2300 万元。

4. 应用 XBRL 大数据平台前后对比

应用 XBRL 大数据平台前,需从巨量的卡交易数据中人为筛查风险卡,每周最多 2 次,每次至少需要 4 小时,筛查疑点必须到现场调阅交易明细和视频监控确认,稽查精准度低、稽查成本高。

应用 XBRL 大数据平台后,大数据平台仅需 188 秒,就能对全省当日 300 万条交易数据进行快速筛查,自动推送异常信息,借助远程视频,实现对现场管理的零距离实时监控,具体如图 2-8 所示。

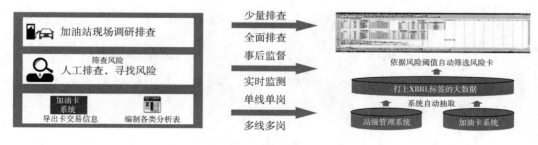

图 2-8　加油站应用 XBRL 大数据平台后

(二)应用成效

【例 2-2】　按日监控异常卡消费,严管卡套现,完善卡风险防控措施。

问题:该企业武汉分公司通过 IC 卡消费频次监控模块发现,卡号 913006000xxxx 的单位卡于 2016 年 5 月 4 日 9:08—11:29 在武汉某加油站(全自助加油站)连续消费 17 笔加油,疑似存在卡套现行为,具体如图2-9所示。

现场核实	● 该卡为某科技有限公司名下司机卡,由该公司领导持有,该公司员工吴某经授意在加油站采取为其他现金客户刷IC卡加油的方式进行套现。 ● 该加油站为全自助加油站,加油站员工未参与套现行为,且该单位未套取增值税专用发票。
潜在风险	客户利用加油卡套现,侵害了公司权益,损害加油站公众形象,扰乱了加油站正常经营秩序,同时给公司带来虚开发票的风险。
管理提升	● 将制止客户利用加油卡套现行为纳入加油站现场管理规定,明确当班人员责任追究办法。 ● 将单位加油卡列入增值税专用发票开具单位黑名单

图2-9　日监控异常卡消费情况

【例2-3】　按日监控单罐异常损耗,化解漏油风险,规范油机停(启)用管理,具体如图2-10所示。

现场核实

查明原因:立即指导加油站进行排查,发现6#枪加油机底部填沙被液体浸湿,且止回阀未关闭,管线连接处有油品渗漏。

应急处置:加油站立即关闭加油机和潜泵电源,设置警戒线,清理6#机底部油沙,确认止回阀处于关闭状态,提枪检查管线连接处不再渗漏后重新填沙。

提升管理

规范加油枪停(启)用流程。

设立停(启)用枪审批流程,并建立停(启)用枪电子账,规范停(启)用枪管理。

明确在用枪短期停(启)用时的注意事项。关于加油机停用:潜泵加油机关闭止回阀,油枪打铅封;关于加油机启用:先审批报备,后拆封排空。

图2-10　日监控单罐异常损耗

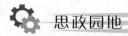
思政园地

　　在深入学习财务大数据的过程中,学习者要始终坚持诚信为本的原则,确保数据的真实性和准确性,也要关注数据的安全与隐私保护,避免信息泄露和滥用。在运用财务大数据进行商业分析时,学习者要坚持客观、公正的态度,避免主观臆断和偏见,确保分析结果的准确性和可靠性。通过学习财务大数据在商业领域中的应用,学习者不仅要掌握相关知识和技能,更要培养诚信、公正、负责任的职业素养,为未来的商业实践打下坚实基础。

第三章 大数据分析方法论概述

【学习目标】
● 掌握数据收集
● 掌握数据预处理
● 掌握数据分析与挖掘
● 掌握报告撰写

第一节 大数据分析基本方法

一、业务理解

在数据分析与挖掘的过程中,业务理解是至关重要的第一步。它要求深入理解业务背景、问题及其目标,从而确保后续的数据分析工作能够紧密围绕业务实际需求展开。

(一)理解业务背景

需要全面了解业务背景信息,包括但不限于行业趋势、市场状况、竞争态势、业务流程等。通过深入研究这些背景资料,能够建立起对业务的宏观认识,为后续的数据分析提供坚实的基础。

(二)熟悉行业知识与业务逻辑

除了了解业务背景外,还需要熟悉相关行业知识及业务的运作逻辑。这有助于更深入地理解业务问题的本质,从而能够更准确地定义问题并制定相应的分析策略。

(三)归纳总结并找出主要矛盾

在掌握了足够的业务背景信息和行业知识后,需要对业务问题进行归纳总结,找出其中的主要矛盾。这些矛盾往往是数据分析与挖掘的关键所在,通过解决这些矛盾,能够为业务提供有价值的见解和建议。

(四)假设与验证

基于对问题的理解和分析,可以根据已有的知识和经验对问题产生的可能性进行假设。这些假设需要通过实际数据来验证。通过收集和分析数据,可以测试这些假设的有效性,并根据验证结果对假设进行调整和优化。

(五)制定衡量指标

在数据分析与挖掘的过程中,制定合适的衡量指标是非常重要的。这些指标需要根据业务目标和绩效要求来制定,以确保数据分析的结果能够直接反映业务的实际状况。通过监控这些指标变化,可以及时发现业务问题并采取相应的措施。

(六)验证与迭代

数据分析与挖掘是一个迭代的过程。在初步分析后,需要根据验证结果对假设进行调整和优化,并重新进行分析。这个过程可能需要多次迭代,直到找到解决问题的最佳方案。

业务理解是数据分析与挖掘过程中的关键步骤。通过深入理解业务背景、熟悉行业知识与业务逻辑、归纳总结并找出主要矛盾、假设与验证,以及制定衡量指标等步骤,可以确保数据分析工作能够紧密围绕业务实际需求展开,从而为业务提供有价值的见解和建议。

二、数据收集

数据收集是数据分析过程中的第一步,也是至关重要的一步。数据收集涉及确定数据来源,选择收集方法,并据此制定详细的数据收集方案。数据的质量直接影响后续分析的准确性和可靠性,因此,在数据收集阶段,需要精心策划和认真执行。

(一)确定数据来源

数据来源的确定是数据收集的第一步。数据来源通常分为两大类,即内部数据和外部数据。

内部数据是指企业或组织内部已经存在或可以通过内部系统生成的数据。这些数据通常来源于企业的信息管理系统、数据库、财务报表、销售记录等。此外,还可以通过内部调研、上报数据、问卷调查、深度访谈等方式收集内部数据。内部数据具有直接性、实时性和准确性较高的特点,对于了解企业内部运营情况和问题至关重要。

外部数据是指来源于企业或组织外部的数据,包括第三方发布的数据、公开数据、网站搜索结果、社交媒体数据、行业报告等。此外,还可以通过爬虫软件、API 接口等方式收集外部数据。外部数据具有广泛性、多样性和动态性的特点,可以为企业或组织提供更全面的市场信息和竞争态势。

(二)选择收集方法

确定了数据来源之后,就需要选择合适的数据收集方法。常见的数据收集方法主要包括以下 5 种。

1. 调查问卷

通过设计问卷,向目标群体发放并收集他们的回答。这是一种广泛使用的数据收集方法,适用于收集定量和定性数据。

2. 深度访谈

通过与研究对象进行深入的、结构化的对话,了解他们的观点、经验和需求。深度访谈适用于收集定性数据,尤其是当需要深入了解研究对象的内心世界和行为动机时。

3. 观察法

通过直接观察研究对象的行为和环境,收集相关数据。观察法适用于收集现场数据,如市场调研、用户行为研究等。

4. 网络爬虫

利用爬虫软件从互联网上抓取相关数据。这种方法适用于收集大规模、结构化的数据,如新闻报道、社交媒体帖子等。

5. API 接口

通过调用第三方提供的 API 接口,获取相关数据。这种方法适用于获取特定平台或应用的数据,如社交媒体平台用户数据、电商平台销售数据等。

(三)制定数据收集方案

在确定了数据来源和收集方法之后,就需要制定详细的数据收集方案。数据收集方案应包括以下几个方面:

(1)明确数据收集的目的和需求,确定需要收集哪些数据及数据的类型、格式等;

(2)评估各种数据收集方法的优缺点,选择最合适的方法;

(3)制定数据收集的时间表和进度安排,确保数据收集工作能够按时完成;

(4)确定数据收集的责任人和团队成员,明确各自的职责和任务;

(5)制定数据质量控制措施,确保收集到的数据准确无误、完整可用;

(6)考虑数据安全和隐私保护问题,确保数据收集过程符合相关法律法规和道德规范。

通过精心策划和执行数据收集方案,可以为企业或组织提供高质量、可靠的数据支持,为后续的数据分析和决策提供依据。

三、数据预处理

数据预处理是数据分析与挖掘过程中的一个关键步骤,涉及对原始数据的清洗、转换、整合和优化,以便为后续的数据分析和建模提供高质量的数据集。数据预处理的目标是消除数据中的噪声、不一致性、冗余和缺失值,同时降低数据的维度和复杂性,使其更适合于分析和挖掘。以下是数据预处理的详细步骤和方法。

(一)数据清洗

数据清洗是数据预处理的核心任务之一,涉及对原始数据中的错误、重复和不一致进行检查与修正。数据清洗的过程可能包括去除重复数据、纠正数据类型错误、处理缺失值、平滑噪声数据等。通过这些操作,可以提高数据的质量和准确性,为后续的分析和建模奠定坚实的基础。

(二)缺失值处理

在数据集中,出现缺失值是一个常见的问题。缺失值可能是数据收集过程中的遗漏、错误或数据损坏导致的。为了处理这些缺失值,可以采用多种方法,如删除含有缺失值的行或列、使用插值方法预测缺失值及用均值、中位数或众数填充缺失值等。选择哪种方法取决于数据的特性和分析的需求。

(三)异常值处理

异常值是指数据集中与大多数数据明显不符的值。这些异常值可能是数据错误、测量误差或特殊情况导致的。为了不影响后续的分析和建模,需要对异常值进行处理。常见的处理方法包括删除异常值、用中位数或均值替换异常值、使用稳健的统计方法进行分析等。

（四）数据集成

在数据分析中，经常需要将来自多个数据源的数据进行集成。数据集成涉及不同数据源的合并、数据类型的转换和数据结构的统一等。通过数据集成，可以将多个数据集整合成一个统一的数据集，便于后续的分析和挖掘。

（五）数据变换

数据变换是指对原始数据进行某种形式的转换，以便更好地满足分析和建模的需求。常见的数据变换方法包括数据规范化、标准化、对数变换、Box-Cox变换等。这些变换方法可以改变数据的分布、消除量纲的影响、提高模型的性能等。

（六）降低维度和复杂性

在大数据分析中，经常面临数据维度过高和复杂性过大的问题。为了降低数据的维度和复杂性，可以采用降维方法，如主成分分析（PCA）、特征选择、聚类分析等。这些方法可以在保留数据主要信息的同时，减少数据的维度和复杂性，提高分析和建模的效率。

（七）数据消减

数据消减是一种通过删除不相关或冗余的数据来减少数据集大小的方法。通过数据消减，可以降低数据的存储需求、提高处理速度并减少计算资源的使用。常见的数据消减方法包括基于属性相关性的消减、基于数据相似性的消减等。

数据预处理是数据分析与挖掘过程中不可或缺的一步。通过数据清洗、缺失值处理、异常值处理、数据集成、数据变换、降低维度和复杂性，以及数据消减等操作，可以提高数据的质量和准确性，为后续的分析和建模提供高质量的数据集。这些预处理步骤的合理选择和应用对于确保数据分析和挖掘的有效性与可靠性具有重要意义。

四、数据分析与挖掘

数据分析与挖掘是现代数据科学中的核心环节，它们通过不同的技术手段和方法，从海量数据中提取有价值的信息和知识。

（一）数据分析

数据分析是指运用适当的统计分析方法，对收集的大量数据进行处理和分析，以提取有用的信息并形成结论的过程。数据分析旨在详细研究和概况总结数据，发现其中的规律、趋势和关联。

在数据分析过程中，首先需要对数据进行预处理，包括数据清洗、转换和标准化等步骤，以确保数据的质量和一致性。再运用统计学、机器学习等领域的知识和方法，对数据进行描述性分析、探索性分析和预测性分析。描述性分析旨在概括数据的基本特征，如均值、方差、分布等；探索性分析侧重于发现数据中的潜在规律和关联；预测性分析则是基于历史数据预测未来的趋势和结果。

通过数据分析，可以深入了解数据的内在结构和关系，为后续的数据挖掘和决策支持提供基础。

（二）数据挖掘

数据挖掘是指通过算法从大量数据中搜索隐藏于其中的信息的过程。数据挖掘的目标是发现数据中的模式、关联、趋势和异常等有价值的信息,为决策和预测提供支持。

在数据挖掘中,算法模型的构建是关键。这需要在基本数据分析的基础上,选择和开发适合数据特性的算法,对数据进行建模以提取有价值的信息。常见的数据挖掘算法包括聚类分析、分类分析、关联分析、时间序列分析等。这些算法可以根据不同的应用场景和数据特点进行选择和组合,以达到最佳的数据挖掘效果。

数据挖掘的应用领域非常广泛,包括商业智能、金融分析、医疗诊断、社交媒体分析等。通过数据挖掘,可以发现隐藏在数据中的知识和智慧,为企业的决策和创新提供有力支持。

(三)数据可视化

数据可视化是利用计算机图形学和图形处理技术,将数据转换为图形或图像在屏幕上显示出来,并通过数据分析和开发工具发现其中未知信息的过程。数据可视化旨在以直观、形象的方式展示数据,从而能帮助用户更好地理解和分析数据。

数据可视化通过图表、图形和动画等形式,将数据呈现给用户。这些形式包括柱状图、折线图、散点图、饼图、热力图等。用户可以通过交互操作,如缩放、旋转、筛选等,对数据进行深入探索和分析。

数据可视化不仅提高了数据的可读性和可理解性,还有助于发现数据中的异常和模式。通过数据可视化,可以更直观地了解数据的分布、趋势和关联,从而为决策和预测提供直观的依据。

数据分析与挖掘是数据科学中的核心环节,它们通过不同的技术手段和方法,从海量数据中提取有价值的信息和知识。例如,数据分析侧重于数据的处理和分析,数据挖掘关注于发现数据中的隐藏信息,而数据可视化则为用户提供了直观、形象的数据展示方式。这些技术的结合应用,可以帮助人们更好地理解和利用数据,为企业的决策和创新提供有力支持。

五、报告撰写

在进行大数据分析项目时,报告的撰写是项目成果展示和决策支持的关键环节。一个高质量的大数据分析报告,不仅能够清晰地呈现分析结果,还能够为决策者提供有力的依据和实用的建议。

(一)标题

标题是人们对报告的第一印象,也是对报告内容的第一感知。一个好的标题应该简洁明了,准确反映报告的核心内容和分析重点。标题应该具备吸引力和概括性,能够引起读者的兴趣和好奇心。例如,如果报告主要分析的是某个行业的市场趋势,标题可以设置为"XX行业市场趋势分析报告"。

(二)目录

目录是报告的导航图,能帮助读者快速了解报告的结构和内容。目录应该按照逻辑关系和整体结构进行编排,包括报告的各个主要部分和子部分。通过目录,读者可以轻松定位到感兴趣的内容,提高阅读效率。

（三）前言

前言部分主要阐述报告的目的、背景和意义。它应该清晰地说明为什么要进行这个大数据分析项目，以及项目的重要性和紧迫性。前言还应该介绍项目的数据来源和分析方法，简要概述分析的主要内容和发现。此外，前言还应该给出总结性结论或者效果，以突出报告的价值和意义。

（四）正文

正文是报告的主体部分，要求逻辑性强、层次结构清晰、分析结论明确。正文应该按照分析思路和方法的逻辑顺序进行组织，逐步深入地进行数据解读和分析。正文还应该注重可视化图形分析、挖掘分析等呈现方式的使用，以便更直观地展示数据特征和规律。在分析过程中，应该注重数据的准确性和完整性，避免数据问题导致分析结论的偏差。

（五）分析结论

分析结论部分是报告的总结和归宿，它应该呈现数据分析的总体结果和对结果的解释说明。首先，分析结论应该明确、具体、可行，能够为决策者提供实用的建议或改善策略。其次，分析结论还应该注重与实际情况的结合，避免过于理论化或抽象化。最后，分析结论还可以提出进一步的研究方向或展望，为未来的工作提供参考和借鉴。

撰写大数据分析项目报告需要注重标题的吸引力、目录的逻辑性、前言的概述性、正文的分析性和结论的实用性。只有这样，才能确保报告的质量和效果，为决策者和利益相关者提供有价值的信息和建议。

第二节　数据收集

一、数据来源

在数据驱动的决策环境中，明确数据的来源至关重要。数据的来源可以大致分为内部和外部两个方面。了解这两种数据来源有助于组织更有效地收集、整理和利用数据，进而提升业务运营和决策制定的质量。

（一）内部数据

内部数据指的是组织内部产生和存储的数据，这些数据通常与组织的日常运营、管理、交易等活动密切相关。内部数据的主要来源有以下几个方面。

1. 企业信息管理系统

企业信息管理系统包括 ERP（企业资源规划）、CRM（客户关系管理）、DHR（人力资源）、财务、营销等系统。这些系统在日常运营中积累了大量的交易数据、客户信息、产品数据等，是组织内部数据的重要来源。

2. 物联网系统

随着物联网（Internet of Things，IOT）技术的发展，设备传感器、视频监控系统、可穿戴设备、智能仪表、人脸识别系统等 IOT 设备在组织中得到了广泛应用。这些设备能够实时收集和处理大量的运营数据，为组织提供了丰富的数据来源。

3. 上报数据

组织内部员工或部门定期或不定期提交的报表、报告等也是重要的数据来源。这些数据反映了组织在不同时间、不同维度的运营状况,对于了解组织的运营情况具有重要意义。

4. 调查数据

通过在线调查、访谈等方式收集的数据,可以帮助组织深入了解员工、客户、市场等的信息和需求。这些数据对于组织的市场策略、产品改进等具有重要的参考价值。

(二)外部数据

外部数据是指组织从外部渠道获取的数据,这些数据通常与组织的外部环境、市场、竞争态势等密切相关。外部数据的主要来源有以下几个方面。

1. 互联网系统

互联网系统包括搜索引擎、电商、资讯、行业网站等。通过爬虫技术或 API 接口等方式,组织可以获取大量的互联网数据,这些数据反映了市场趋势、消费者需求、竞争对手动态等信息。

2. 政府部门数据

此类数据来自政府部门,如行政部门、行业主管部门、监管系统等。政府部门数据通常具有权威性和准确性,对于了解政策走向、行业动态等具有重要意义。

3. 第三方发布数据

第三方如咨询公司、调查公司等机构通常会发布一些行业报告、市场研究数据等,组织可以通过购买或合作的方式获取这些数据。

4. 社交数据

社交数据包括微信、微博、QQ、邮箱等社交平台上的用户生成内容。这些数据反映了用户的观点、情感、行为等信息,对于了解消费者需求、品牌形象等具有重要价值。

数据来源的多样性和丰富性为组织提供了广阔的数据视野。通过有效地收集、整合和利用这些内外部数据,组织可以更好地了解自身的运营情况、市场环境及消费者需求,进而提升业务运营和决策制定的质量和效率。

二、数据收集途径与方法

在数据驱动的现代社会中,数据收集是任何分析、研究或业务决策的基础。数据的来源和收集方式多种多样,每种方式都有其特定的应用场景和优势。

(一)网络爬取

网络爬取是一种自动化收集网站数据的方法。通过编写程序或使用专门的数据采集工具,可以从互联网上抓取特定类型的数据。例如,Python 是一种常用的编程语言,它有许多库和工具可以帮助用户进行网页爬取,如 Beautiful Soup 和 Scrapy。后羿采集器则是一款专门的网页数据采集工具,用户可以通过设置规则来自动抓取网页上的数据。

网络爬取的优势在于可以快速、大量地收集数据,且可以针对特定需求定制爬取策略。但需要注意的是,爬取数据时应遵守相关法律法规和网站的 robots. txt 规则,避免对目标网站造成过大的压力或侵犯他人隐私。

（二）数据调用

数据调用对数据收集至关重要，涵盖了从多样化的数据源中提取、清洗、转换和加载（ETL）数据的过程，以确保数据的准确性、完整性和一致性。通过高效的数据调用技术，能够将来自企业内部系统（如 ERP、CRM、会计软件等）、外部数据库（如行业报告、市场研究数据等）及实时数据流（如社交媒体、在线交易数据等）的大数据汇集起来，形成一个全面而丰富的数据集。数据调用的优势在于数据的准确性和可靠性通常较高，因为这些数据往往来源于专业的信息系统或经过严格整理的数据库。同时，数据调用的效率也较高，可以迅速获取大量数据。但需要注意的是，数据调用的成本可能较高，尤其是对于需要大量外部数据的企业。

（三）网络搜索

网络搜索是指通过搜索引擎或专业网站搜索所需的数据。例如，可以通过谷歌、百度等搜索引擎搜索社交网络上的用户评论、帖子等；也可以通过电商网站、证交所等专业网站搜索商品销售数据、股价信息等。此外，政府部门和第三方机构也提供了许多公开可查询的数据资源。

网络搜索的优势在于可以获取实时的、多样化的数据。但需要注意的是，网络搜索的数据可能存在质量参差不齐、信息不完整等问题，需要进行进一步的数据清洗和处理。

（四）数据填报

数据填报是指通过常规报表、定制报表等方式收集数据。在企业经营管理活动中，往往需要员工或相关部门定期填报各种数据，如销售数据、库存数据等，这些数据可以直接用于分析或作为其他数据收集方式的补充。

数据填报的优势在于可以确保数据的真实性和准确性，因为这些数据往往直接来源于企业的实际运营活动。但需要注意的是，数据填报可能存在效率低下、成本较高等问题，需要合理设计报表和填报流程以降低负担和提高效率。

（五）调查数据

调查数据是指通过调查、访谈等方式收集的数据。这种方式可以获取第一手的、有针对性的数据，对于研究或决策具有重要意义。例如，市场调研、客户满意度调查等都是常见的调查数据收集方式。调查数据的优势在于可以深入了解被调查对象的真实想法和行为习惯，为决策提供有力支持。但需要注意的是，调查数据可能存在样本偏差、数据质量不稳定等问题，需要进行科学的抽样设计和数据质量控制。

综上，不同的数据收集途径与方法各有优缺点，应根据具体需求和场景选择合适的方式。同时，为了保证数据的准确性和可靠性，还需要注意数据的来源、质量和处理方式等方面的问题。

第三节　数据预处理

数据预处理的目的在于使数据规范化，以适应数据处理软件和数据模型的分析需求。没有高质量的数据，就不可能产生高质量的分析与挖掘结果。因此，高质量的决策必须建立在高质量的数据基础之上。在数据预处理过程中,一个重要的原则就是要始终留有空间,以确保数据处理的灵活性和可调整性。

一、数据清理

数据清理是数据分析过程中至关重要的一步,它的目标在于确保数据的准确性和完整性,从而为后续的数据分析工作奠定坚实的基础。数据清理主要分为两大部分,即缺失值处理和噪声处理。

(一)缺失值处理

在数据集中,出现缺失值是一种常见的现象。处理缺失值的方法多种多样,关键在于根据数据的特点和业务需求来选择最合适的方法。

1. 确定缺失值范围

在处理过程中,需要对每个字段的缺失值进行统计和分析,了解缺失值的比例和分布情况。根据缺失比例和字段的重要性,制定不同的处理策略;对于不重要的字段,可以直接删除;对于重要的字段,则需要采取其他方法来处理缺失值。

(1)利用业务知识或经验来推测并填充缺失值。例如,如果知道某个地区的平均收入,可以用这个值来填充收入字段的缺失值。

(2)使用同一指标的计算结果(如均值、中位数、众数等)来填充缺失值。这种方法适用于数值型字段。

(3)使用不同指标的计算结果来填充缺失值。例如,如果年龄字段缺失,但身份证号字段存在,可以通过身份证号中的出生日期来计算年龄。

2. 缺失值处理方法

(1)直接剔除记录法

当缺失值比例较小时,这种方法非常有效。它直接剔除含有缺失数据的记录,简单易行。但需要注意的是,这种方法可能导致资源浪费和隐藏信息的丢失。

(2)缺失值填补

当缺失值比例较大时,直接剔除可能会导致数据失真。此时,可以采用多种方法来填补缺失值。

① 单一填补法

该方法指根据数据类型选择合适的填补值。对于数值型变量,如果呈现正态分布,则选择均值填充;如果是偏态分布,则选择中位数填充。对于非数值型变量,则选择众数填充。

② 随机填补法

该方法指从有完整信息的元组中随机抽取值来填补缺失值。该方法可以避免均值填补中的一些问题,使填补值的分布更接近真值分布。

③ 多重填补法

该方法包括热卡填补法和回归填补法。热卡填补法是通过找到与缺失值相似的观察单位来填补缺失值;回归填补法则是利用回归分析来预测缺失值。

（二）噪声处理

噪声数据是数据集中出现的另一种常见问题。噪声处理的目标在于消除或减少数据中的噪声，使数据更加真实和可靠。

1. 分箱（Bin）

该方法指将数据进行排序，并将其分入等深的箱子中，然后可以根据箱子的平均值、中值或边界值来平滑数据。该方法可以有效地减少数据中的噪声。

2. 聚类

该方法指通过聚类算法将数据分为多个类别，可以监测并去除孤立点，从而减少数据中的噪声。

3. 回归

该方法指利用回归分析方法来平滑数据。让数据适应回归函数，可以消除或减少数据中的噪声。该方法在处理具有多个变量的数据集时尤为有效。

4. 计算机与人工检查结合

该方法指利用计算机快速识别出可疑数据，然后对这些数据进行人工判断和处理。这种方法结合了计算机的高效性和人的判断力，可以更加准确地识别和处理数据集中的噪声。

总之，数据清理是数据分析过程中不可或缺的一步。通过合理的缺失值处理和噪声处理，可以确保数据的准确性和完整性，从而为后续的数据分析工作提供坚实的数据基础。

二、数据集成

数据集成指将来自不同数据源的数据整合到一个统一的系统中。这一过程的目的是确保数据的一致性、准确性和完整性，从而提高数据挖掘和分析的速度与质量。

在数据集成的过程中，会遇到多种挑战和问题，因此需要采用多种处理方法，其中主要包括模式集成、数据值冲突检测与消除，以及冗余数据的处理等。

（一）模式集成

模式集成是数据集成的一个重要环节，主要关注如何将不同数据源中的元数据（即描述数据的数据）进行整合。元数据描述了数据的内容、结构、关系和约束，是数据管理和分析的基础。模式集成的主要任务包括识别不同数据源中的相同实体，并建立一个统一的模式来描述这些实体。例如，在 A 数据源中，顾客 ID 可能被命名为"cust-id"，而在 B 数据源中可能被命名为"customer_no"。模式集成需要识别出这两个字段实际上代表的是同一个实体，并建立映射关系。

（二）数据值冲突检测与消除

由于不同数据源可能采用不同的数据表示、编码或标准，因此对于现实世界中的同一实体，来自不同数据源的属性值就可能会出现冲突或不一致。例如，对于同一个顾客的名字，一个数据源可能使用"张三"，而另一个数据源可能使用"张小三"。数据值冲突检测与消除的目标就是识别出这些不一致的数据，并采取适当的方法进行修正或调和，以确保数据的准确性和一致性。

（三）冗余数据处理

在集成多个数据库或数据源时，经常会遇到冗余数据的问题。冗余数据不仅增加了存储成本，还可能影响数据分析的准确性和效率。冗余数据可能表现为同一属性在不同数据库中有不同的字段名，或者一个属性可以由另一个表导出。例如，在一个数据库中，员工的月薪可能直接存储为"月薪"字段，而在另一个数据库中可能通过"年薪"字段计算得出。处理冗余数据的方法包括数据清洗、数据合并和数据转换等。

总之，数据集成是数据分析过程中的一项重要任务。通过模式集成、数据值冲突检测与消除、冗余数据处理等方法，可以将多个数据源中的数据整合到一个统一的系统中，从而提高数据质量和分析的准确性。这将为后续数据挖掘和分析工作提供坚实的基础。

三、数据变换

数据变换是数据预处理过程中的一个核心环节，指对原始数据进行转换和归并，以便构造出适合进一步分析的规范化数据格式。数据变换的主要目的是减少数据的复杂性、消除噪声、增强数据的可用性，以及为数据挖掘和机器学习算法提供更适合的输入。常见的数据变换方法包括以下几种。

（一）平滑处理

平滑处理主要用于去除数据中的噪声，使数据更加平滑和稳定。常见的平滑处理方法包括分箱（Bin）方法、聚类方法和回归方法。分箱方法是将数据划分为多个区间，并用区间内的统计值（如均值、中位数）来替换原始数据。聚类方法则是将数据划分为不同的簇，并认为同一簇内的数据是相似的，从而进行平滑处理。回归方法则是通过建立数学模型来预测数据的趋势，并用预测值来替换原始数据。

（二）合计处理（聚集）

合计处理指对数据进行汇总或合计操作，以便从更高层次上理解数据。例如，在销售数据分析中，可能需要对每天的销售数据进行合计，以得到每月或每年的销售总额。合计处理有助于构造数据立方体，实现对数据的多维度分析，从而能更全面地了解数据的特征和趋势。

（三）数据泛化处理（概化）

数据泛化是一种将低层次数据概念提升到更高层次概念的过程。例如，在地址信息中，可以将具体的街道地址泛化为城市或国家等更高层次的概念。对于数值型属性，如年龄，可以将其泛化为年轻、中年和老年等更高层次的分类。数据泛化有助于简化数据模型，降低数据的复杂性，并增强数据的可用性。

（四）规格化处理（规范化）

规格化处理指将数据按比例映射到特定的小范围内，以便消除不同属性之间的量纲差异。例如，可以将工资收入属性值映射到 0 到 1，使所有工资数据都落在这个范围内。规格化处理有助于消除数据之间的量纲差异，提高数据的可用性，并为后续的数据挖掘和机器学习算法提供更好的输入。

(五)属性构造处理

属性构造处理是根据已有的属性集构造新的属性,以帮助数据处理的过程。这种变换方法通常用于创建复合属性或导出属性,以更好地捕捉数据的特征。例如,在销售数据分析中,可以构造一个"销售额增长率"属性,该属性由当前销售额与前一时间段的销售额计算得出。通过属性构造处理,可以提取出更有意义的特征,为后续的数据分析和建模提供更好的支持。

综上,数据变换是数据预处理过程中的一个重要环节,它通过对原始数据进行转换和归并,构造出适合进一步分析的规范化数据格式。不同的数据变换方法针对不同的数据问题和需求,有助于提高数据的可用性、减少数据的复杂性,并为后续的数据挖掘和机器学习算法提供更好的输入。

四、数据规约

在大数据时代,人们通常面临数据量过大、处理难度较高的问题。数据规约正是解决这一问题的关键技术,它旨在从原有的巨大数据集中提取一个精简的数据集,同时确保这一精简数据集能够保持原有数据集的完整性和代表性。数据规约不仅可以降低数据处理的复杂性,还可以提高数据分析和挖掘的效率,具体方法主要包括以下 5 种。

(一)数据立方体聚集

数据立方体聚集是一种基于数据仓库的数据规约方法。它通过对数据进行多维度的汇总和合计,构造出一个数据立方体。在这个数据立方体中,每个单元格都包含了对应维度组合下的数据汇总信息,如总和、平均值等。通过数据立方体聚集,可以从更高层次上理解数据的特征和趋势,同时降低数据的规模。

(二)维归约

维归约是指通过减少数据集的维度来达到数据规约的目的。在多维数据集中,有些维度可能是无关紧要的,或者与其他维度存在冗余关系。维归约的目标就是检测和消除这些无关、弱相关或冗余的属性或维度,从而简化数据集的结构和规模。维归约不仅可以降低数据处理的复杂性,还可以提高数据分析的效率和准确性。

(三)数据压缩

数据压缩是一种利用编码技术来压缩数据集大小的方法。它可以将原始数据转换为一种更紧凑的表示形式,从而减少数据的存储空间和处理时间。常见的数据压缩方法包括无损压缩和有损压缩。无损压缩可以确保压缩后的数据能够完全恢复到原始状态,而有损压缩则允许一定的数据损失以换取更高的压缩率。数据压缩是数据规约中一种非常有效的方法,尤其适用于大规模数据集的处理和传输。

(四)数值归约

数值归约是指用更简单的数据表达形式来取代原有的复杂数据,常见的方法包括参数模型和非参数模型。参数模型如回归分析,可以通过拟合一条曲线来近似表示原始数据;非参数模型如聚类、采样和直方图等,则通过对数据进行分组或抽样来简化数据结构。数值归约可以在保持数据完整性的同时降低数据的复杂性,提高数据分析和挖掘的效率。

（五）离散化与概念层次生成

离散化是将连续型数据转换为离散型数据的过程，可以通过设置阈值或区间来实现。离散化的数据更容易被理解和处理，同时也可以降低数据的规模。概念层次生成则是在离散化的基础上，利用更高层次的概念来替换初始数据。例如，在年龄属性中，可以将具体的年龄值映射为"儿童""青少年""成人"等更高层次的概念。通过概念层次生成，可以挖掘不同抽象层次的模式知识，从而更好地理解数据的内涵和特征。

第四节　数据分析与挖掘

一、数据分析概述

数据分析是一个系统性、深入性的过程，旨在从大量数据中提取有价值的信息和知识，以支持决策制定和业务优化。它涉及数据的收集、处理、解读和报告等多个环节。

（一）数据分析准备

在进行数据分析之前，需要做好充分的准备，以确保分析的准确性和有效性。

1. 理解业务背景，了解数据来源

理解业务背景是数据分析的基础。了解数据的来源、生成背景及背后的业务逻辑，有助于分析人员更好地把握数据的内涵和潜在价值。例如，在电商业务中，用户的消费记录数据不仅仅反映了用户的购买行为，还可能与会员系统的优惠活动、促销策略、推荐系统等多个业务环节紧密相关。因此，分析人员需要从多个维度出发，全面、深入地挖掘数据中的信息。

2. 明确分析目的

明确分析目的是数据分析的关键。在进行数据分析之前，必须清晰地界定分析目标和预期成果。这有助于分析人员有针对性地选择合适的分析方法构建有效的分析模型，从而得出对业务有实际指导意义的结论。

3. 多视角观察数据

数据往往具有多面性，从不同的视角进行观察可能会发现不同的信息和规律。因此，分析人员需要采用多种方法、从多个角度全面、细致地观察数据，以发现其中的潜在信息和价值。例如，在人力资源分析中，离职人员的离职原因可能与多种因素有关，如入职时间、绩效考核、薪酬提升等。分析人员需要从这些不同的维度出发，全面、系统地分析数据，以找出导致离职的关键因素。

（二）数据分析类别

数据分析可以分为多种类型，每种类型都有其特定的应用场景和目的。

1. 描述性分析

描述性分析，也称为现状分析，主要关注数据"是什么"或"发生了什么"。这种分析通常用于了解企业的经营状况、人员情况、业务构成及其发展与变动等。描述性分析的基本方法主要包括对比分析、平均分析和综合评价分析等。

2. 诊断性分析

诊断性分析主要关注"为什么会发生",即分析数据变动的原因。这种分析通常用于深入了解业务运作的各个方面,找出问题所在,以便采取相应的措施。诊断性分析的基本方法主要包括分组分析、结构分析、交叉分析、杜邦分析、漏斗图分析、矩阵关联分析和聚类分析等。

3. 预测性分析

预测性分析主要关注"可能会发生什么"。这种分析通常用于预测未来的趋势和结果,为决策制定提供依据。预测性分析的基本方法主要包括回归分析、时间序列分析、决策树分析和神经网络分析等。

4. 指导性分析

指导性分析主要关注"需要做什么"。这种分析通常用于制定策略、优化决策和推动业务发展。指导性分析的基本方法主要包括关联规则分析等。

(三)数据分析总结

数据分析是一个复杂而系统的过程,需要综合运用多种方法和工具来提取数据中的信息和价值。通过明确分析目的、理解业务背景、多视角观察数据及选择合适的分析方法,分析人员可以发现数据中的信息与价值,从而为业务提供有力的支持和指导。同时,数据分析也是一个持续学习和改进的过程,分析人员需要不断学习和掌握新的方法与技术,以适应不断变化的业务需求和数据环境。数据分析总结见表3-1所列。

表3-1 数据分析总结简表

数据分析	内容	基本方法	数据分析方法
描述性分析 (现状分析)	是什么? 发生了什么? 如企业的经营状况、人员情况、 业务构成及其发展与变动	对比	对比分析
			平均分析
			综合评价分析
诊断性分析 (原因分析)	为什么会发生? 变动的原因	细分	分组分析
			结构分析
			交叉分析
			杜邦分析
			漏斗图分析
			矩阵关联分析
			聚类分析
预测性分析 (预测分析)	可能会发生什么?	预测	回归分析
			时间序列分析
			决策树分析
			神经网络分析
指导性分析	需要做什么?		关联规则分析

二、数据可视化分析

(一)概况

为了满足用户对数据进行分析和设计的功能场景需求,用友分析云在其分析设计模块设置了故事板管理、设计故事板、设计可视化、设计筛选器、设计故事板变量等板块。

(二)故事板管理

1. 新建文件夹

在用友分析云界面中,点击左侧导航栏中的"分析设计"按钮进入分析设计页面,再点击"新建"按钮,在出现的下拉菜单中选择"新建文件夹"。

在文件夹名称中给新建的文件夹命名,保存时名称不能为空。

选择新建在哪个文件夹下,文件夹层级不能超过3级。

点击"保存"按钮就会在所选文件夹下创建新文件夹,新建的文件夹会显示在"我的故事板"下方,如图3-1所示。

2. 管理文件夹

已经创建好的文件夹可以通过点击文件夹右边的更多图标打开下拉菜单进行管理,用友分析云对文件夹提供了如下管理功能:

(1)重命名:可以给文件夹更换名称;

(2)移动到:可以移动文件夹到另一个文件夹下,也可以通过拖拽的方式直接移动到所需的位置,移动的文件夹携带文件夹下的所有故事板;

(3)删除:可以删除整个文件夹,删除文件夹时,文件夹下的故事板也一并被删除,如图3-2所示。

图3-1　新文件夹位置　　　　　　　　图3-2　删除文件夹

3. 管理故事板

用户可以在目录中直接对故事板进行管理,用友分析云提供了如下几种管理操作:

(1)编辑:点击后进入故事板编辑页面,仅当用户拥有故事板编辑权限后出现;

(2)重命名:为故事板修改名称;

(3)复制到:复制该故事板到其他目录;

(4)复制 URL:复制故事板的 URL,可以在浏览器中直接打开该故事板;

(5)移动到:移动该故事板到其他目录;

(6)删除:删除该故事板,仅当用户拥有故事板编辑权限后出现,如图 3-3 所示。

(三)设计故事板

1. 新建故事板

在用友分析云界面中,点击左侧导航栏中的"分析设计"按钮,进入分析设计页面;在左上角找到"新建"按钮;点击"新建",在出现的菜单中选择"新建故事板",可以打开创建故事板的弹框,如图 3-4 所示。

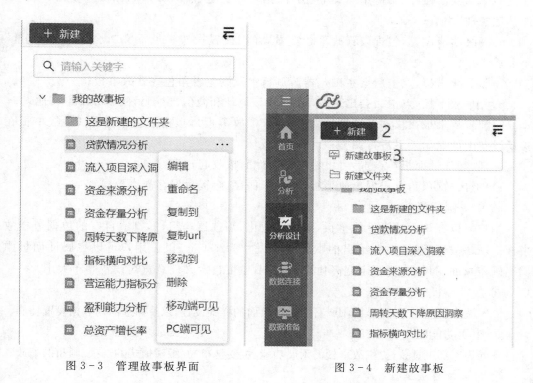

图 3-3 管理故事板界面   图 3-4 新建故事板

在故事板名称处给新建的故事板命名,没有名称将无法创建故事板。

2. 选择故事板所在的路径

点击"新建文件夹",在所选文件夹下创建下一级文件夹,文件夹层级最多为 3 级,无法在第 3 级文件夹下创建新文件夹,此时按钮会变成灰色无法点击。

创建了文件夹后,默认名称为"新建文件夹",可以选择给文件夹重命名。

用户可以选择是创建普通故事板或者移动故事板。普通故事板是适合在 PC 上使用的故事板,适配 PC 端的分辨率;移动故事板是专门给移动端使用的故事板,适配移动端分辨率。点击"确认"就完成了故事板的创建,并且直接跳转到故事板编辑页面。

3. 编辑 PC 故事板

(1)界面布局介绍

故事板编辑器主要由 4 大区域组成。

① 顶部主功能区

此功能区主要包含如下功能:

1)故事板名称显示和编辑,可以点击修改图标直接修改故事板名称;

2)保存故事板,点击后可以保存当前对故事板的修改,保存完成后,会出现保存成功提示;

3)添加可视化,支持通过新建的方式添加可视化,也可以通过可视化仓库添加可视化;

4)添加筛选器,支持添加日期筛选器、文本筛选器、树形筛选器、数值区间筛选器和按钮。筛选器的详细添加操作参见下文"添加筛选器"小节;

5)添加其他控件,支持添加文本、图片、网页和标签控件,详细添加操作参见下文"添加其他控件"小节;

6)高级功能设置,包含设置故事板变量,详细设置操作参见下文"设置故事板变量"小节;

7)预览故事板,点击后会在浏览器新页签中以浏览者角色查看故事板;

8)分享故事板,点击后会出现故事板 URL 地址和微信二维码,便于分享给其他人;

9)配置故事板在移动端的显示效果(仅 PC 故事板),点击后可以对本 PC 故事板在移动设备上的显示效果进行调整;

10)收起属性面板,点击后可以将右侧属性面板收起;

11)退出故事板,点击退出故事板,如果未保存,会提示保存故事板。

② 中央画布区

用户可以在该区域设计故事板,添加可视化、筛选器等组件,打造自有的数据分析故事板。新建故事板时,系统给出的默认画布尺寸为 1366 * 768。用户可以在属性面板中调整画布页面的尺寸,可固定宽高比进行调整,也可自定义任意宽高设置画布大小。

③ 属性面板

该区域为属性设置区域,提供所有组件和页面的样式设置,以及筛选器的数据设置功能。

④ 附属功能区

此处为底部工具条,提供故事板的附属功能,主要是布局/编辑模式的切换、画布的缩放。

4. 设置故事板属性

页面右侧区域是故事板属性面板,用于设置故事板和各种控件的属性。对于故事板,主要可以设置画布、封面和主题三大类属性。

(1)设置画布

① 画布尺寸

新建的故事板提供默认页面尺寸,可以在页面设置中将其修改成其他内置分辨率,也可以自定义页面宽高。自定义设置时,可以选择是否锁定宽高比,如图 3-5 所示。

另外,提供页面自适应方式设置,包括自适应屏幕、只适配宽度、等比缩放和固定大小 4 种,如图 3-6 所示。

1）自适应屏幕：浏览者在终端打开故事板，故事板匹配浏览者电脑屏幕的分辨率自动缩放，进行展示；

2）只适配宽度：浏览者在终端打开故事板，故事板匹配浏览者电脑的宽度缩放原设计故事板大小；

3）等比缩放：浏览者在终端打开故事板，故事板根据原设计故事板的宽高比进行等比缩放；

4）固定大小：浏览者在不同的终端打开故事板，都按照原设计故事板的大小进行展示。

图 3-5 画布尺寸设置

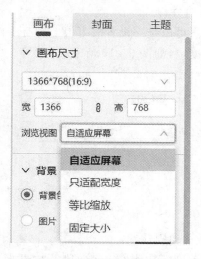

图 3-6 页面自适应方式设置

② 背景

用户可以设置背景色为纯色，或者上传 jpg/png/bmp 格式的图片作为故事板背景，如图 3-7 所示。

图片自适应的方式有 4 种：保持长宽比充满、保持长宽比自适应、原图大小、充满画布，如图 3-8 所示。

图 3-7 背景设置

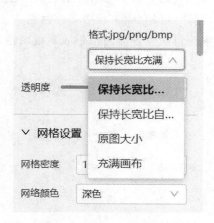

图 3-8 图片自适应的方式设置

右上角"恢复默认"按钮可以将故事板背景恢复成主题默认背景。用户可以调整背景颜色的透明度来设计故事板背景。

③ 网格设置

用户可以选择是否在画布上显示网格,画布上的组件在移动和缩放时会自动吸附到网格上,便于布局。系统默认会显示网格,每个网格默认宽度是 10 个像素,可以手动在 5～30 像素进行调整。网格颜色可以在深色和浅色之间切换,以适配不同的故事板背景色,如图 3-9 所示。

④ 组件样式

用户可以统一设置故事板上所有组件(可视化、筛选器、其他控件)边框的宽度、颜色和圆角度数,如图 3-10 所示。

图 3-9　网格颜色设置

图 3-10　组件样式设置

⑤ 自动刷新

自动刷新功能可以定时刷新故事板上可视化的数据,可以手动调整刷新间隔,最短为 5 分钟,最长为 30 分钟,如图 3-11 所示。

⑥ 操作按钮

用户可以修改组件上悬浮图标的颜色,以适配任意背景色,用户还可以设定所有的操作按钮是否显示。

(2)设置故事板封面

用友分析云首页会以卡片形式列出最近打开和收藏的故事板,系统会为卡片提供默认封面,用户可以在故事板中修改封面。

故事板封面设置界面位于故事板属性设置面板中,如图 3-12 所示。

图 3-11　自动刷新设置

图 3-12　故事板封面设置界面

点击"设置"后，可以设置 3 种类型封面，分别为系统封面、可视化封面和上传封面。其中，系统封面内置 6 种图标，另外，也可以上传自定义图片作为故事板封面。

（3）设置故事板主题

系统内置两种故事板主题，分别为浅色和深色。系统默认采用浅色主题，可以切换成深色主题。用户可以查看这两种主题的代码详情，以及复制并创建新主题，如图 3-13 所示。

① 切换主题

用户通过点击主题图片可以切换故事板主题，切换时可以选择是否覆盖已经在故事板上修改过的样式，默认为不覆盖已经自定义过的样式。

② 复制并创建新主题

用户可以为已经存在的主题创建一个主题副本，可以修改这个副本实现新建主题的功能，如图 3-14 所示。

③ 编辑主题

点击"编辑"按钮进入主题自定义界面，如图 3-15 所示，然后修改主题名，并在修改区域进行修改，同时设置拾色器，最后预览、保存。

图 3-13　设置故事板主题界面

图 3-14　复制并创建新主题界面

图 3-15　编辑主题界面

1）删除主题

点击"删除"按钮可以删除该主题，但是如果删除了该主题，则所有应用了该主题的故事板都将被还原为浅色主题，如图 3-16 所示。

2）收起属性面板

点击页面右上角的"收起属性面板"按钮可以隐藏右侧的属性面板，再次点击则会出现面板，如图 3-17 所示。

图 3 - 16　删除主题

图 3 - 17　收起属性面板

（四）添加可视化

在故事板顶部的可视化菜单中，共有两种可视化添加方式，分别为新建全新可视化、从可视化仓库中添加，如图 3 - 18 所示。

图 3 - 18　添加可视化界面

1. 新建可视化

新建可视化的第一个步骤是选择数据集，点击"新建"按钮可以进入数据集选择页面。页面左侧是数据集目录，点击需要使用的数据集后，右侧会出现该数据集中的数据，该界面最多显示前 10000 条数据。

2. 编辑可视化

点击"确定"后，进入可视化编辑器，在这里可以对可视化进行编辑。详细编辑操作请参见"第七章可视化设计"的内容。

（五）添加筛选器

可以添加的筛选器种类有日期筛选器、文本筛选器、树形筛选器、数值区间筛选器和按钮，如图 3 - 19 所示。

日期筛选器包含普通日期筛选器和日期区间筛选器；文本筛选器包含文本下拉、文本列表、文本平铺等筛选器；树形筛选器包含树下拉、树列表、级联等筛选器；数值区间筛选器包含输入框和滑动条；按钮包含查询和重置。

（六）添加其他控件

可以添加文本、图片、网页和标签到故事板上，如图 3 - 20 所示。

（1）文本：支持输入静态文本和动态文本；

（2）图片：支持添加本地图片到故事板；

（3）网页：支持添加外部网页到故事板中；

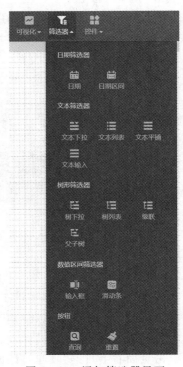

图 3 - 19　添加筛选器界面

（4）标签：支持链接到其他故事板和页面。

（七）设置故事板变量

用户可以设置故事板变量，变量主要用于获取故事板上组件的数据值，并可被故事板上其他组件引用，如图 3-21 所示。

图 3-20　添加其他控件

图 3-21　设置故事板变量

（八）故事板布局

1. 编辑模式

故事板新建后，系统默认进入编辑模式。在编辑模式下，用户可以实时查看设计效果，提高设计故事板的效率。对可视化和筛选器的绝大部分操作都可以进行，只有少数几个操作只能在预览模式中进行，如可视化的链接操作。在编辑模式下，用户可以通过点击标题部位、可视化和筛选器空白区域进行拖拽移动。筛选器选项区、表格可视化的表格区等可以操作的区域是无法拖拽移动的。

编辑模式在画布底部工具栏右侧，用户可以点击切换编辑模式，如图 3-22 所示。

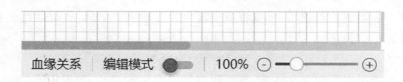

图 3-22　切换编辑模式

2. 布局模式

为了方便用户对故事板进行统一排版布局，可以进入布局模式。在布局模式下，组件上的事件都会被禁用，只能进行拖拽移动和缩放操作。

布局模式在画布底部工具栏右侧，用户可以点击切换布局模式。

（1）缩放组件

选中任一组件后，四周会出现 8 条线段，鼠标移入就可以进行拖拽缩放操作。

（2）缩放画布

在画布底部工具栏右侧，系统提供了比例尺，可供放大和缩小画布，可以让画布在30%～300%任意缩放。

（3）改变层级顺序

故事板上的组件可以相互堆叠，系统默认新添加的组件在最高层级。如果在布局过程中,需要调整层级顺序的话,可以通过点击组件上的更多按钮,找到"顺序"来改变层级顺序,页面提供了"置顶""置底""上移一层""下移一层"4 个选项。

(4)多组件快速对齐

故事板提供了多个组件快速对齐的功能。按住 Ctrl 或者 Shift 选中多个组件后,会激活属性面板区最上面的对齐图标,点击可以实现快速对齐操作。

(5)设置可视化联动

通常情况下,用户需要在故事板上实现多个可视化的联动效果,比如在其中一个可视化上点击某个省份的数据,其他对应的可视化中也会出现对应省份的数据。

可视化之间的联动设置方式为在需要触发联动效果的可视化上点击更多菜单下的"联动设置"。在联动设置弹框中,用户可以设置需要联动的可视化。可视化按照数据集进行了分类,与触发联动具有相同数据集的可视化会自动关联联动字段。不同数据集的可视化需要单独设置关联字段,以实现联动效果。关联字段和被关联字段的值要求完全匹配。

三、数据挖掘分析

(一)数据挖掘概述

数据挖掘(Data Mining)是指在大量数据中,提取隐含在其中的、事先不知道的但又潜在有用的信息和知识的过程,通常通过对数据的探索、处理、分析或建模来实现。数据挖掘在基本数据分析的基础上,选择和开发数据分析算法,对数据进行建模,进而从数据中提取有价值的信息。整个过程会涉及很多算法和技术,如机器学习算法、深度学习等。

数据建模是数据挖掘中的一个关键步骤,它涉及选择合适的模型、处理数据、评估模型及优化模型。通过数据建模,可以将数据转化为有价值的信息,从而指导业务决策。

(二)数据挖掘算法

1. 回归分析

回归分析指根据事物变化情况,找到影响结果变化的主要、次要因素,考察各自变量对因变量的影响强度,并通过模型对结果进行预测分析的方法。回归分析分类如图 3 - 23 所示。

(1)自变量:一般把作为估测依据的变量叫作自变量。

(2)因变量:待估测的变量。

(3)注意事项:

① 对噪声和异常值的敏感性:在进行回归分析之前,需要对数据进行清洗和处理,以减少噪声和异常值对模型的影响。

② 线性关系的限制:传统的线性回归模型只适用于处理线性关系。对于非线性关系,需要进行一些转换或使用非线性回归模型。如果自变量和因变量之间有着比较强烈的非线性关系,直接利用多元线性回归是不合适的,应该对变量进行一定的转换,如取对数、开平方(或取平方根)等。

③ 前提假设的满足:多元线性回归需要满足一些前提假设,如自变量的确定性、自变

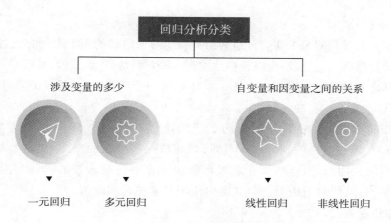

图 3-23 回归分析分类

量之间的独立性、误差项的均值为 0、等方差性和正态分布等。

2. 分类分析

（1）分类的概念

分类（Categorization or Classification）就是指按照某种标准给对象贴标签，再根据标签对对象进行区分归类的方法。分类须事先定义好类别且类别数不变。分类器需要由人工标注的分类得到，属于有监督的学习范畴。

（2）分类的应用

分类具有广泛的应用，如信誉证实、医疗诊断、性能预测、选择购物和文本分析等。

① 二分类

例如，在银行业中，用于区分高端信用卡和普通信用卡；在邮箱中，用于区分正常邮件和垃圾邮件。

② 多类分类

电子商务：在电商平台上，将商品分类到不同的类别中，如服装、电子产品、家居用品等，以便顾客浏览和搜索。

图像处理：在图像识别中，将图像分类到不同的对象或场景中，如人脸、动物、车辆、建筑物等。

情感分析：在社交媒体或在线评论中，将用户的评论分类到不同的情感类别中，如积极、消极、中性等。

音乐分类：在音乐平台上，将歌曲分类到不同的流派或风格中，如流行、摇滚、爵士、古典等。

电影分类：在电影推荐系统中，将电影分类到不同的类型或题材中，如动作、喜剧、科幻、爱情等。

③ 社会网络

一般用于区分中心用户、活跃用户、不活跃用户等。

（3）常见算法

常见算法主要包括朴素贝叶斯、决策树等。

3. 聚类分析

聚类分析是将数据对象的集合分组为由类似的对象组成的多个类的分析过程。例如，把人和其他动物放在一起比较，可以轻松地找到一些判断特征，如肢体、嘴巴、耳朵、皮毛等，根据判断指标之间的差距大小划分出某一类为人、某一类为马，这就是聚类分析过程。

（1）簇

聚类试图将数据集中的样本划分为若干个通常不相交的子集，每个子集称为一个"簇"（Cluster）。通过这样的划分，每个簇可能对应一些潜在的概念（类别），如"亚洲人""非洲人"等。需说明的是，这些概念对聚类算法而言事先是未知的，聚类分析过程仅能自动形成簇结构，簇所对应的概念语义需由使用者来把握和命名。

（2）分类和聚类

分类是指已知道事物的类别，需要从样本中学习分类的规则，是一种有监督的学习；而聚类则是由给定、简单的规则得到分类，是一种无监督的学习，两者是相反的过程。

4. 文本分析

文本分析是将非结构化文本数据转换为有意义的数据，再进行分析的过程，以度量客户意见、产品评论与反馈，其提供搜索工具、情感分析和实体建模，以支持基于事实的决策制定。文本分析包括词云分析、词频分析、主题分析、情感分析等，常用于客户服务、知识管理、用户画像、情境广告、情绪分析、舆情监测、垃圾邮件过滤等方面。

5. 时间序列分析

时间序列（或称动态数列）是指将同一统计指标的数值按其发生时间的先后顺序排列而形成的数列。时间序列分析的主要目的是根据已有的历史数据对未来进行预测。

ARIMA（Autoregressive Integrated Moving Average）即自回归整合移动平均模型，是最常见的一种时间序列预测方法。该算法的优点是模型十分简单，只需要内生变量而不需要借助其他外生变量；缺点是要求时序数据是稳定的或者通过差分化后是稳定的，不稳定的数据无法预测规律，且其本质上只能分析线性关系，而不能分析非线性关系。

第五节　报告撰写

一、概念

数据分析报告是一种基于企业内部和外部经营管理相关数据的深度分析，利用大数据技术来揭示、研究和解析企业经营管理中存在的问题，探索其产生的深层次原因及本质与潜在规律，并为企业提供针对性的解决策略的应用文体。这种报告的核心价值在于，能够将海量的、看似无关联的数据转化为对企业运营与决策有指导意义的信息和建议。

二、数据分析报告作用

数据分析报告在企业的运营和决策过程中扮演着至关重要的角色。它不仅是对数据分析工作成果的展示，更是企业决策和战略规划制定的重要参考。

（一）验证分析质量

数据分析报告是数据分析工作流程的终端输出,其质量直接反映了整个分析过程的准确性和有效性。高质量的分析报告意味着分析方法和模型的选择是恰当的,数据处理过程是准确的,分析结果是可靠的。通过分析报告,企业可以对所采用的分析方法和模型进行验证,确保其在实际应用中能够产生准确和有价值的结果。这对于企业而言至关重要,因为错误的分析结果可能导致决策失误,进而给企业带来重大损失。

（二）展示分析结果

数据分析报告以结构化、系统化的方式呈现分析结果,使得决策者能够更快速、更全面地理解数据的含义和影响。报告中通常会包含图表、表格、趋势线等可视化工具,这些工具能够直观地展示数据的分布、变化和趋势,帮助决策者迅速捕捉关键信息。此外,分析报告还会对分析结果进行解释和说明,帮助决策者更好地理解数据的背后含义和潜在价值。这样,决策者可以基于数据做出更加明智和准确的决策。

（三）提供决策依据

数据分析报告的核心价值在于为企业的决策制定提供有力的数据支持。通过对历史数据的分析,分析报告可以帮助企业了解自身的运营状况、市场地位和发展趋势;通过对未来趋势的预测,分析报告可以为企业的战略制定、市场规划、运营管理等方面提供重要的参考依据。这些数据支持使得企业的决策更加科学、合理和可行,有助于降低决策风险和提高决策效果。同时,数据分析报告还可以帮助企业发现潜在的市场机会和威胁,为企业的长远发展提供战略指导。

三、数据分析报告种类与特点

数据分析报告的种类繁多,每一种报告都有其独特的特点和应用场景。

（一）专题性报告

专题性报告是针对某一特定问题或主题而形成的数据分析报告。它通常不会涵盖多个方面或多个业务领域,而是对某一特定领域或问题进行深入的研究和分析。这种报告的特点是内容单一、分析深入、针对性强。

1. 内容单一

由于专题性报告聚焦一个具体的问题或主题,因此其内容通常比较单一,不会涉及多个不相关的领域或问题。这使得报告的内容更加集中,分析更加深入。

2. 分析深入

由于专题性报告专注于一个特定的问题或主题,因此它通常会对该问题进行深入的分析和研究。这种深入的分析可以帮助企业更好地理解问题的本质和背后的产生原因,为解决问题提供更加准确的指导。

3. 针对性强

专题性报告的针对性较强,其分析和结论通常基于具体的数据和事实,旨在解决特定的问题或满足特定的需求,这使得报告更加具有实用性和可操作性。

例如,针对某一市场营销活动的效果分析报告就属于专题性报告。这种报告通常会对该营销活动的各个方面进行深入的分析,包括活动的效果、参与度、用户反馈等,从而为企业未来的营销活动提供有力的数据支持。

（二）综合性报告

综合性报告是涉及多个方面或多个业务领域的数据分析报告。它通常会对企业的整体运营状况或市场环境进行全面的评估和分析。这种报告的特点是综合性强、复杂度高、内容联系紧密。

1. 综合性强

综合性报告涵盖了多个方面或多个业务领域的数据和分析,因此综合性较强。这种综合性的报告可以帮助企业全面了解自身的运营状况和市场环境,为企业的战略制定和决策提供全面的数据支持。

2. 复杂度高

由于综合性报告涉及多个方面或多个业务领域的数据和分析,因此其复杂度通常较高。这种复杂度要求报告编制者具备较高的数据处理和分析能力,以确保报告的准确性和有效性。

3. 内容联系紧密

综合性报告的内容通常具有较强的联系性,各个部分相互关联、相互支撑。这种紧密的联系使得报告更加具有整体性和逻辑性。

例如,一份关于企业整体运营状况的综合性报告可能会涵盖企业的财务状况、市场状况、人力资源状况等多个方面。通过对这些方面的数据进行分析和比较,报告可以为企业提供一个全面的运营状况评估,为企业的战略制定和决策提供有力的支持。

（三）日常数据通报

日常数据通报是一种定期发布的数据分析报告,主要用于监控和追踪企业日常运营数据的变化。这种报告的特点是进度性、规范性、时效性。

1. 进度性

日常数据通报通常会定期发布,以反映企业日常运营数据的最新变化。这种具有进度性的报告可以帮助企业及时了解自身的运营状况和市场动态,为企业的决策和运营提供实时的数据支持。

2. 规范性

日常数据通报通常具有较为规范的格式和内容要求,以确保报告的准确性和可比性。这种具有规范性的报告可以提高企业内部的沟通效率和协作能力,有助于提升企业的整体运营效率。

3. 时效性

日常数据通报注重数据的实时性和时效性,以确保企业能够及时获取最新的运营数据和市场信息。这种具有时效性的报告可以帮助企业迅速应对市场变化和企业内部的运营问题,提高企业的应变能力和竞争力。

例如,一份关于企业销售数据的日常数据通报可能会每天或每周发布一次,以反映企业产品的最新销售情况和市场趋势。这种通报可以帮助企业及时调整销售策略和库存计划，以应对市场和需求的变化。

四、数据分析报告编撰原则

数据分析报告的编撰并非简单的数据堆砌和陈述，它涉及一系列的原则和技巧，以确保报告的质量、准确性和实用性。

（一）规范性与真实性

在撰写分析报告时，必须使用规范、标准的名词术语，并确保名词在整个分析报告中统一、前后一致。同时，分析报告的结论必须基于实际数据，严谨、专业地反映实际情况，避免主观臆断和误导性陈述。

1. 使用规范的术语

数据分析报告中使用的名词术语必须规范、标准，确保其在整个报告中是统一、前后一致的。这有助于避免歧义和误解，提高分析报告的可读性和专业性。

2. 确保数据的真实性

分析报告的结论必须基于实际收集的数据，并且这些数据必须是真实、可靠的。任何虚假或误导性的数据都可能导致分析报告的结论失真，从而误导决策者。

3. 严谨、专业的陈述

分析报告的撰写风格应该是严谨、专业的，避免使用过于随意或主观的措辞。同时，避免主观臆断和误导性陈述，确保分析报告内容的客观性和公正性。

（二）目的性与重要性

在编写分析报告之前，必须明确数据分析的目标和重点，确保分析报告内容紧紧围绕这些核心点展开。在选取数据和指标时，要优先考虑那些对决策有重要影响的关键因素，分级阐述其重要性和影响程度。

1. 明确目标与重点

明确数据分析的目标和重点有助于确定分析报告的主题、内容结构和分析方法，以确保分析报告内容紧紧围绕这些核心点展开。

2. 选取关键数据与指标

在浩如烟海的数据中，要选取那些对决策有重要影响的关键因素和指标进行分析。这些关键数据能够直接反映企业运营的状况、市场的变化和潜在的风险，为决策提供有力的支持。

3. 分级阐述重要性与影响程度

在分析报告中，应该对选取的数据和指标进行分级阐述，明确它们的重要性和影响程度。这有助于决策者快速把握问题的核心，做出明智的决策。

（三）创新性

随着大数据技术的不断发展，新的研究模型和分析方法层出不穷。在撰写分析报告时，应适时引入这些新型研究模型和分析方法，以提高分析报告的深度和广度，使之更加与时俱进。

1. 引入新型研究模型

这些新型研究模型可能包括机器学习、深度学习、预测模型等,它们能够帮助读者更好地理解和分析数据,发现隐藏在数据背后的规律和趋势。

2. 采用先进的分析方法

除了引入新型研究模型外,还可以采用先进的数据分析方法来提高分析报告的质量。例如,可以使用可视化工具来呈现数据和分析结果,使分析报告更加直观、易于理解;可以使用统计方法来检验数据的可靠性和有效性,提高分析报告的准确性。

(四)逻辑性

一份好的数据分析报告不仅要有丰富的内容和准确的数据,还必须具有清晰的逻辑结构。从问题提出、数据收集与处理到结果分析与推理,每一个环节都必须科学合理、全面细致,从而确保整个分析报告逻辑严密。

1. 构建清晰的逻辑结构

构建清晰的逻辑结构有助于确保整个分析报告具有严密的逻辑,使读者能够轻松理解分析报告的内容和结论。

2. 确保分析连贯性

在分析过程中,要确保分析的连贯性和一致性。这意味着在分析不同的问题或指标时,应该采用相同或类似的分析方法和标准,以确保分析结果的可比性和可靠性。

3. 合理得出结论

分析报告的结论应该基于前面的分析和数据支持,避免无根据的猜测或推断。同时,结论应该简洁明了,直接回答分析报告的主题和目标,为读者提供明确的指导和建议。

五、数据分析报告结构解析

数据分析报告的结构对于有效传达分析结果和建议至关重要。一个结构清晰、内容完整的数据分析报告可以帮助读者快速理解问题、把握关键信息,并为决策提供有力支持。

(一)标题

标题是数据分析报告的"门面",也是读者首先接触到的信息。一个好的标题应该简短、醒目,并能够准确反映报告的核心内容或主要发现。标题应该具备吸引力和概括性,以便读者能够迅速了解报告的主旨和重点。

(二)目录

目录是报告的结构图,列出了报告的主要章节、小节及相应的页码。目录不仅方便读者快速浏览分析报告内容,还能够体现分析报告的逻辑关系和整体结构。通过目录,读者可以轻松地找到感兴趣的部分,并快速定位到相应的位置。

(三)前言

前言部分是报告的引言,介绍了编撰报告的目的、背景和重要性。前言应该清晰地阐述当前现状或存在的问题,明确需要解决的关键问题,并说明分析报告的分析思路、方法和模型。此外,前言还应该给出总结性的结论或效果,以及数据来源的说明。这部分内容旨在为读者提供一个全面的背景介绍,帮助他们更好地理解分析报告的目的和内容。

（四）正文

正文是数据分析报告的主体部分,详细展示了数据分析的过程、方法和结果。正文要求逻辑性强、层次结构清晰、分析结论明确。在这一部分,报告编制者需要进行详细的数据可视化分析、挖掘分析等,以呈现正确的解读结论。正文应该围绕分析报告的主题和目标展开,逐步深入分析问题,并提供相应的解释和讨论。此外,正文还可以包括数据表格、图表等辅助材料,以便读者更好地理解和分析数据。

（五）分析结论

分析结论部分是分析报告的总结,呈现了数据分析的总体结果,并对这些结果进行了深入的解释与说明。在这一部分,报告编制者应该提出合理的建议或改善策略,以帮助决策者做出明智的决策。分析结论应该简洁明了,突出分析报告的核心发现和建议,为读者提供有价值的参考信息。此外,分析结论还可以包括对未来趋势的预测和展望,以便读者更好地了解问题的发展方向和潜在影响。

思政园地

在"大数据分析方法论概述"的学习中,学习者不仅要掌握数据收集、预处理、分析与挖掘,以及报告撰写的专业技能,更要培养严谨求实的科学态度和职业道德。数据收集要真实可靠,杜绝任何形式的造假与篡改;数据预处理要细致入微,确保数据的准确性和完整性;数据分析与挖掘要客观公正,避免主观臆断和偏见;报告撰写要清晰明了,真实反映分析结果。同时,学习者还要增强数据安全意识和隐私保护意识,在利用大数据进行分析时,始终坚守法律底线和伦理规范。通过学习大数据分析方法论,学习者不仅要成为大数据分析的能手,更要成为具有高尚职业道德和强烈社会责任感的优秀数据分析师。

第四章 数据采集

【学习目标】
● 理解爬虫的基本原理
● 掌握单企业财务报表数据采集
● 掌握多企业财务报表数据采集

第一节 基础知识介绍

一、数据采集概述

数据采集是开展数据分析项目的第一个步骤。在数据分析过程中,数据采集是重中之重。数据采集的质量直接决定了后续分析的准确性。数据分析项目过程如图4-1所示。

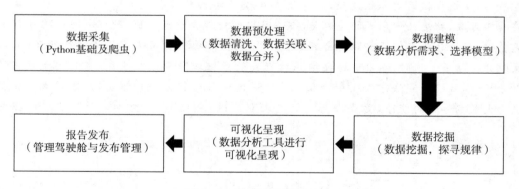

图 4-1 数据分析项目过程

二、网络爬虫

(一)概述

网络爬虫,通常被形象地称为"网络蜘蛛"或"web crawler",是一种自动化工具,专门用来遍历和检索万维网(WWW,World Wide Web)上的信息。这些网络爬虫程序通常运行在服务器上,通过自动访问网页、读取页面内容、分析页面结构收集数据,并将收集到的数据存储到本地服务器或数据库中。

1. 历史与用途

网络爬虫的历史可以追溯到20世纪90年代,当时设计它的主要目的是搜索引擎创建网页索引。随着互联网的发展,网络爬虫的应用范围逐渐扩大,不再局限于搜索引擎领域,而是广泛应用于数据采集、市场研究、信息监控、内容聚合等多个领域。

2. 工作原理

网络爬虫从一个或多个初始 URL 开始,通过解析这些网页中的链接(如 HTML 中的<a>标签),找到并访问新的 URL。这个过程通常会持续进行,直到爬虫达到预设的停止条件(如访问的网页数量达到上限、达到预设的运行时间等)。

3. 自动化与智能化

网络爬虫具备高度的自动化和智能化特性。它们能够自动处理网页加载、页面解析、数据提取等任务,并根据页面结构的变化自适应地调整抓取策略。如一些高级的网络爬虫还具备内容过滤、去重、分类等功能,以提高数据采集的效率和准确性。

4. 伦理与法规

在使用网络爬虫时,必须遵守相关的伦理和法规,包括尊重网站的 robots. txt 文件、避免对目标网站造成过大的访问压力、保护用户隐私等。一些国家也制定了针对网络爬虫的专门法规,以确保网络环境的健康和安全。

5. 未来展望

随着人工智能和机器学习技术的不断发展,网络爬虫的功能和性能将得到进一步提升。例如,通过深度学习技术,网络爬虫可以更加准确地识别和提取网页中的有用信息;通过自然语言处理技术,网络爬虫可以理解和分析网页中的文本内容,实现更加智能化的信息抓取和处理。

网络爬虫作为一种强大的数据获取工具,正在为各个领域的数据分析和应用提供有力支持。在未来,随着技术的不断进步和应用需求的不断扩展,网络爬虫将在更多领域发挥重要作用。

(二)网络爬虫的基本术语

在进行网络爬虫编程或相关操作时,了解和掌握一些基本术语是非常重要的。

1. 统一资源定位符(Uniform Resource Locator,URL)

统一资源定位符,即 URL,是互联网上用于标识和定位资源的地址。每个网页、图片、视频或其他类型的资源都有一个唯一的 URL,用户可以通过在浏览器中输入这个 URL 来访问该资源。URL 由多个部分组成,包括协议(如 http://或 https://)、域名、端口号、路径、查询参数等。对于网络爬虫而言,URL 是爬取数据的基本起点,爬虫会按照某种策略不断遍历和解析 URL,从而获取互联网上的信息。

2. 统一资源定位系统

统一资源定位系统,有时也称为 URL 系统,是一种用于标识互联网上资源位置的机制。这个系统最初由蒂姆·伯纳斯·李(Tim Berners-Lee)发明,以作为万维网的基础。URL 作为统一资源定位系统的核心组成部分,提供了一种标准化的方式来描述和定位互联网上的各种资源。现在,URL 已经成为互联网标准 RFC 1738 的一部分,被广泛应用于各种网络服务和应用中。

3. 客户端(Client)

客户端或称为用户端,是与服务器相对应的一个概念,指的是为用户提供本地服务的程序或设备。在网络爬虫的上下文中,客户端通常指的是执行爬虫程序的计算机或软件。客户端的主要功能是请求访问互联网上的资源,如文本、图像等。当爬虫程序需要获取某个网页的内容时,它会作为客户端向目标网站的服务器发送请求报文。请求报文包含了要访问的 URL 和其他相关信息。一旦服务器响应并返回了资源数据,客户端就会接收这些数据并进行后续的处理和分析。

4. Web 服务器(Web Server)

Web 服务器是驻留在互联网上的计算机程序,它的主要功能是向浏览器或其他 Web 客户端提供文档和文件。这些文档可以是 HTML 页面、图片、视频或其他类型的文件。Web 服务器通常托管着网站的文件和数据,允许全世界的用户通过浏览器访问和浏览这些资源。当爬虫程序作为客户端向 Web 服务器发送请求时,服务器会根据请求中的 URL 和其他信息来查找和定位相应的资源文件。一旦找到目标资源,服务器会将其返回给客户端,以供其进一步处理和分析。Web 服务器的行为过程通常是接收来自客户端的请求,并按照一定的规则和配置来处理和返回相应的文件资源。

上述基本术语构成了网络爬虫编程和操作的基础。了解和掌握这些术语不仅有助于更准确地描述和操作爬虫程序,还能帮助更深入地理解网络爬虫背后的工作原理和技术细节。在实际应用中,可以利用这些术语来更准确地描述需求和问题,从而更好地应用网络爬虫来获取和处理互联网上的信息。

(三)爬虫基本原理

网络爬虫,作为一种自动化工具,其基本原理是模拟用户在浏览器或其他应用上的操作过程。这意味着爬虫需要理解并重现用户在浏览网页时背后所发生的一系列技术和通信过程。在浏览器的地址栏输入一个 URL 并按下回车,实际上触发了一个复杂的过程,这个过程大致可以分为下面 4 个步骤。

1. 查找域名对应的 IP 地址

当输入一个 URL,如 https://www.example.com,浏览器首先需要做的是解析这个 URL。这意味着浏览器需要确定这个域名(www.example.com)对应的 IP 地址是什么。这个过程通常涉及 DNS(域名系统)查询。浏览器会向 DNS 服务器发送请求,询问特定域名对应的 IP 地址。DNS 服务器会返回与域名关联的 IP 地址。浏览器随后使用这个 IP 地址来建立与对应服务器的连接。

2. 向 IP 对应的服务器发送请求

一旦浏览器获得了服务器的 IP 地址,它会通过 HTTP(超文本传输协议)或其他相关协议(如 HTTPS)向服务器发送一个请求。这个请求包含了多种信息,如请求的方法(GET、POST 等)、请求的 URL 路径,以及可能的请求头(如 User-Agent、Accept-Language 等),这些信息帮助服务器理解请求的具体内容和格式。

3. 服务器响应请求,发回网页内容

服务器接收到请求后,会处理该请求,并生成相应的响应。响应通常包括一个状态码(如 200 表示成功)、响应头(如 Content-Type、Server 等)和响应体(即实际网页的内容,如 HTML 代码、图片、脚本等)。服务器将这些信息打包并通过网络发送回浏览器。

4. 浏览器解析网页内容

浏览器接收到服务器的响应后,开始解析响应体中的内容。

对于 HTML 内容,浏览器会使用其内置的 HTML 解析器来解析 HTML 代码,并将其转换为可视化的网页界面。同时,浏览器还会处理网页中的其他资源,如 CSS 样式表、JavaScript 脚本、图片等,以确保网页的完整性和交互性。

网络爬虫的工作方式在本质上与浏览器处理用户请求时的方式非常相似。爬虫程序会模拟这些步骤,自动向目标网站发送 HTTP 请求,接收并解析返回的网页内容。这样,爬虫就能够自动化地遍历和收集互联网上的信息,为数据分析和信息提取等任务提供强大的支持。在网络爬虫的开发和使用过程中,理解和掌握这些基本原理是非常重要的。

(四)网络爬虫的基本工作流程

网络爬虫的基本工作流程可以细分为 4 个主要步骤,即确定数据源、构造并发送请求、获取响应数据,以及解析、处理、保存数据。

1. 确定数据源

在开始编写网络爬虫程序之前,首先需要明确目标数据源。数据源通常是一个或多个网站上的特定页面,这些页面包含了爬虫所需信息。在确定数据源的过程中,需要考虑以下几个方面。

(1)目标网站的选择

根据爬虫需求,选择包含所需信息的网站。这些网站可能是新闻网站、社交媒体平台、电子商务平台等。

(2)页面定位

在目标网站中,确定包含所需信息的具体页面。这可能需要分析网站的 URL 结构、页面布局和内容。

(3)数据定位

在页面上,确定所需数据的具体位置。这可以通过检查页面的 HTML 结构、使用开发者工具等方式来实现。

2. 构造并发送请求

确定了数据源之后,爬虫需要模拟真实用户的浏览器行为,向目标网站发送 HTTP 请求。

(1)构造请求

根据目标页面的 URL 和请求报文(如请求头、请求体等),构造一个 HTTP 请求。请求头中可能包含用户代理(User-Agent)、Cookie 等信息,以模拟真实浏览器的行为。

(2)发送请求

使用网络编程库或框架(如 Python 的 requests 库)将构造好的 HTTP 请求发送到目标网站。

3. 获取响应数据

发送请求后,爬虫需要等待目标网站的响应。如果请求成功,爬虫将收到一个

HTTP 响应,其中包含了目标页面的数据。

（1）接收响应

从目标网站接收 HTTP 响应。响应中包含了状态码、响应头和响应体等信息。

（2）检查状态码

检查响应的状态码,以确定请求是否成功。常见的成功状态码是 200,表示请求已成功处理。

（3）获取数据

从响应体中提取所需数据。响应体可能包含 HTML、JSON、图片、视频等类型文件。可以根据数据源类型和爬虫需求,选择合适的方法解析响应体并提取数据。

4. 解析、处理、保存数据

获取响应数据后,爬虫需要对数据进行解析、处理和保存。

（1）数据解析

根据数据类型和结构,使用合适的解析方法（如正则表达式、XPath、BeautifulSoup 等）解析数据。对于 HTML 数据,可以使用 HTML 解析器提取特定的元素和属性;对于 JSON 数据,可以使用 JSON 解析器将其转换为可操作的数据结构。

（2）数据处理

对解析后的数据进行进一步处理,以满足爬虫需求。处理操作可能包括数据清洗（如去除无关字符、转换数据类型等）、数据转换（如将 HTML 实体转换为对应的字符）、数据提取（如从解析后的数据中提取关键信息）等。

（3）数据保存

将处理后的数据保存到本地文件、数据库或其他存储介质中。保存方式可以根据数据类型和规模及后续使用需求来选择。常见保存方式包括文本文件、CSV 文件、JSON 文件、数据库等。在保存数据时,还需要考虑数据的编码格式和存储结构等问题。

第二节　案例引入

一、上交所简介

上海证券交易所（英文:Shanghai Stock Exchange,中文简称:上交所）是中国大陆两所证券交易所之一,成立于 1990 年 11 月 26 日,位于上海浦东新区。

截至 2022 年末,沪市上市公司家数达 2174 家,总市值 46.4 万亿元;2022 年全年股票累计成交金额 96.3 万亿元,股票市场筹资总额 8477 亿元;债券市场挂牌 2.68 万只,托管量 15.9 万亿元;基金市场上市只数达 614 只,累计成交 18.8 万亿元;股票期权市场合年累计成交 6475 亿元;基础设施公募 REITs 产品共 16 个,全年新增 9 个项目,募集资金 342 亿元。

上交所所有上市公司财务报告数据都是以 XBL 实例文档形式提供的。

二、XBRL 实例文档

XBRL（可扩展商业报告语言,Extensible Business Reporting Language）,是 XML

（可扩展的标记语言，Extensible Markup Language）在财务报告信息交换中的一种具体应用，是目前应用于非结构化信息处理尤其是财务信息处理的一种有效技术。XBRL 在证券行业的应用，能够提高上市公司的信息共享和互动操作的程度，进一步推动上市公司信息披露和证券信息服务业的规范、有序发展。随着中国证券市场规模的扩大和金融领域对外开放的深入，国内外投资者对于上市公司财务状况和经营情况的关注程度与日俱增，XBRL 的广泛应用将不断满足各类机构和个人对上市公司越来越高的信息披露要求，并将显示出愈来愈大的经济价值和社会效用。

中国证券监督管理委员会于 2003 年开始推动 XBRL 在上市公司信息披露中的应用。上交所对 XBRL 技术一直非常关注，进行了广泛、深入的研究。在中国证券监督管理委员会的支持和指导下，上交所积极参与相关标准制定，并首先成功将 XBRL 应用到上市公司定期报告摘要报送系统中，在国内交易所率先实现了 XBRL 的实际应用，并得到 XBRL 领域国际专家的充分认可。随后，上交所成功实现了全部上市公司定期公告的全文 XBRL 信息披露，并探索了部分临时公告的信息披露应用。同时，上交所还制定了公募基金信息披露 XBRL 分类标准，并配合中国证券监督管理委员会在全行业推广应用。上交所制定的上市公司分类标准、金融类上市公司分类标准、基金分类标准于 2010 年 4 月通过国际组织最高级别的"Approved"认证，为我国资本市场 XBRL 信息披露赢得了荣誉。目前，XBRL 已成为上交所上市公司信息披露监管的有力工具。

XBRL 技术在资本市场信息披露中的应用，使上市公司、监管机构、交易所、会计师事务所、投资者、研究机构、证券信息服务商等信息加工者与使用者能够以更低的成本、更高的效率实现信息交换和共享，有效提高了信息披露透明度和监管水平，促进了资本市场的健康、有序发展。

三、上交所仿真网站（教学专用）

在使用网络爬虫进行数据爬取时，有的网站有反爬机制，还有的网站会有监测。如果同时有数百或数千名同学使用同一 IP 或 IP 段访问上交所网站，该网站会检测到此 IP 或 IP 段异常，会暂时封闭此 IP 或 IP 段的访问权限，导致相关页面无法访问。基于此，用友分析云研发了教学专用版的上交所上市公司仿真网站，该网站支持多人同时进行报表数据采集，该仿真网站的报表数据也会每年进行更新。

任务目标：从上交所仿真网站采集上市公司报表数据，了解数据采集的 Python 代码，理解网络爬虫基本原理和步骤。

任务实现：通过进入课程平台任务，修改相关代码，体验数据采集。

第三节　单企业财务报告数据采集

任务要求：采集江西铜业 2018 年的年报数据，报表类型为基本信息表。

数据采集：点击任务"单企业数据采集"，点击"开始任务"，在平台提供的代码页面，修改其中的企业信息为（"600362""江西铜业""jxty"），年份信息修改为"2018"。

点击"运行",系统执行代码,从仿真上交所网站采集江西铜业 2018 年基础信息表,运行完成后,提示采集成功。

点击"查看数据",系统显示采集结果。可以点击"下载"将采集结果下载到本地。

第四节　多企业财务报告数据采集

任务要求:采集多家企业的基本信息表,企业可在上交所上市的公司中任选,比如选择"贵州茅台""美克家居""柳钢股份""三一重工"四家公司的基本信息表。

数据采集:点击任务"多企业数据采集",点击"开始任务",在平台提供的代码页面,修改源代码 code＝[(" 600337 ","美克家居"," mkjj "),(" 601003 ","柳钢股份"," lggf "),(" 600031 ","三一重工"," sy2g "),(" 600519 ","贵州茅台"," gzmt ");year＝[" 2014 "," 2015 "]。

点击"运行",系统显示采集结果。可以点击"下载"将采集结果下载到本地。

思政园地

在"数据采集"的学习中,学习者要深入探索网络爬虫的基本原理,并不断实践单企业与多企业财务报告数据的采集。这一过程不仅是对技术的掌握,更是对职业道德和法律规范的考验。在进行数据采集时,学习者要始终坚守诚信原则,尊重数据来源的合法权益,确保数据采集的合法性和正当性,也要增强数据安全意识,保护企业财务报告数据的安全和隐私。通过学习与实践,学习者不仅要成为数据采集的能手,更要成为遵守法律法规、具有高尚职业道德的数据采集者,更要以严谨的态度和负责任的精神,为大数据时代的商业决策和社会发展贡献自己的力量。

第五章　数据清洗

【学习目标】
● 掌握数据清洗的内容
● 掌握数据清洗的应用

第一节　基础知识介绍

一、概念

数据清洗(Data Cleaning)是数据预处理的关键步骤,涉及识别和纠正数据集中的错误、异常值、重复项、缺失值和不一致等问题。数据清洗的目的是确保数据的准确性、完整性、一致性和可靠性,从而为后续的数据分析、数据挖掘和机器学习等任务提供高质量的数据基础。数据清洗的过程通常包括以下几个关键步骤。

(一)理解数据

在开始清洗之前,首先需要理解数据的来源、结构、格式和含义。这有助于确定哪些数据是有效的,哪些可能是错误的或缺失的。

(二)检查数据一致性

检查数据集中是否存在重复的记录或不一致的信息。例如,同一个客户的姓名拼写可能在不同记录中有所不同。

(二)处理无效值和缺失值

对于数据集中的无效值(如非法字符、超出合理范围的数值等)和缺失值,需要进行适当的处理。常见的处理方法包括填充缺失值(如使用均值、中位数、众数等)、删除含有无效值的记录或整个字段等。

(三)纠正错误

对于数据集中的错误,如拼写错误、格式错误等,需要进行纠正。这可能需要参考外部数据源或使用自动纠正算法。

(四)数据转换

将数据转换为统一的格式或标准,以便后续分析。例如,将日期格式统一为"年—月—日"格式。

(五)数据验证

在清洗完成后,需要对数据进行验证,以确保清洗过程没有引入新的错误或遗漏了某些问题。

数据清洗是一个迭代的过程,可能需要根据数据的具体情况和清洗结果多次重复上述步骤。此外,随着数据量的不断增长和变化,数据清洗也需要不断更新和调整。

有效的数据清洗不仅可以提高数据质量,还可以为后续的数据分析和挖掘提供更可靠的基础。因此,在开展任何数据分析或机器学习之前,都应该认真进行数据清洗这一步骤。

二、数据清洗的主要内容

数据清洗涉及多个方面,包括处理缺失值、清洗格式和内容、纠正逻辑错误、去除非需求性数据及进行关联性验证。

(一)缺失值清洗

出现缺失值是数据集中常见的问题之一。处理缺失值的方法多样,主要有下面几种。

1. 确定缺失值范围

首先,需要识别哪些字段或记录存在缺失值,并了解缺失值的比例和分布情况。这有助于判断缺失值对整体数据的影响程度。

2. 去除不需要的字段

如果某些字段对分析目的没有实际价值或缺失值过多,可以考虑直接去除这些字段。

3. 填充缺失内容

对于需要保留的字段,可以采用多种方法填充缺失值,如使用均值、中位数、众数、插值法、回归法、机器学习算法等进行填充。具体选择哪种方法取决于数据的特性和分析目的。

4. 重新取数

在某些情况下,如果缺失值较多或影响重大,可能需要重新获取数据或增加数据来源,以确保数据的完整性。

(二)格式与内容清洗

数据集中经常存在格式和内容上的不一致问题,需要进行清洗和规范化。

1. 格式清洗

对于时间、日期、数值等字段,需要确保它们具有一致的显示格式。例如,时间可以统一为"年-月-日 时:分:秒"格式,数值可以统一精确到小数点后几位等。这有助于后续的数据分析和比较。

2. 内容清洗

去除内容中不需要的字符,如特殊符号、空格等。同时,还需要检查内容是否与该字段应有的内容相符,例如,某个字段应为邮箱地址,但其中包含了文字描述,这就需要进行纠正或去除。

(三)逻辑错误清洗

数据集中可能存在逻辑上的错误,需要进行清洗和纠正。

1. 去重

去除数据集中的重复记录,确保每条记录的唯一性。

2. 去除不合理值

对于某些字段,可能存在超出合理范围的值,如年龄字段中的负数或超过150的值,这些都需要进行识别并去除或纠正。

3. 修正矛盾内容

数据集中可能存在相互矛盾的内容,如一个人的出生日期和年龄不符,需要进行识别和修正。

(四)非需求性数据清洗

在数据集中,可能存在一些与分析目的无关的字段或数据,需要进行清洗。

1. 删除不需要的字段

直接删除与分析目的无关的字段,以减少数据集的维度和复杂性。

2. 保留可能有用的字段

如果不能事先判断某个字段是否有用,建议先保留,以免后续需要时无法找回。

3. 备份数据

在删除字段或数据之前,务必做好备份,以防误删或需要时无法找回。

(五)关联性验证

当数据来源于多个渠道或系统时,需要进行关联性验证,以确保数据的一致性和准确性。

1. 关联性验证

通过比对不同来源的数据,检查它们之间是否存在矛盾或不一致的地方,如一个人的姓名、身份证号等信息在不同数据源中是否一致。

2. 调整或去除数据

如果发现数据之间存在关联性问题,需要对数据进行调整或去除,以确保数据的准确性和一致性。

三、数据清洗设计

在进行数据清洗时,设计一套合理的数据清洗方案至关重要。方案的设计涉及对整个数据流程的理解、规划,以及制定相应的清洗规则和策略。

(一)数据流程示意图

数据流程示意图是一种用于描述数据从原始状态到最终状态的流程图。它展示了数据在不同阶段、不同系统或不同工具之间的流动和转换过程。设计数据流程示意图的目的是帮助数据工程师、数据科学家和数据分析师更好地理解数据的来源、结构、质量和清洗需求。数据流程示意图如图5-1所示。

在设计数据流程示意图时,必须遵循以下法则:

1. 少量数据

当数据量较小时,可以先进行数据的合并、连接操作,然后再进行清洗。这样做可以

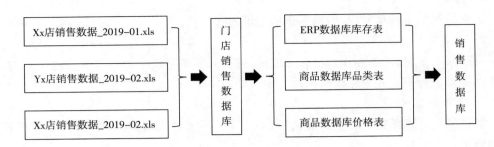

图 5-1　数据流程示意图

减少数据清洗的工作量,提高清洗效率。

2. 大数据源接入

当接入大数据源时,应先按照统一的标准进行初步清洗,然后再接入到数据系统中。这样可以确保数据的质量和一致性,减少后续清洗的工作量。

3. 每个数据计算层

在每个数据计算层中,应先进行数据清洗,然后再进行计算。这样可以确保计算结果的准确性和可靠性。

4. 分析过程发现数据问题

在分析过程中发现数据问题时,应向前溯源,新增或修订清洗规则。这有助于及时发现和解决数据问题,确保数据的质量。

(二)数据清洗设计规则

在进行数据清洗设计时,需要遵循一些基本的规则,以确保清洗过程的规范性和有效性。以下是一些常见的数据清洗设计规则。

1. 一个清洗步骤使用一条清洗规则

每条清洗规则应明确描述一个具体的清洗步骤和操作,以便后续的管理和维护。

2. 多拆分清洗步骤

为了降低清洗过程中的风险和提高清洗效率,可以将一个复杂的清洗任务拆分成多个简单的步骤。每个步骤都应备份数据,以便在出现问题时能够回退到上一步骤。

3. 先做全局清洗再做个别字段的清洗

首先进行全局清洗,即对全部数据进行统一的清洗操作,如去除重复值、填充缺失值等。然后再针对个别字段进行特定的清洗操作,以确保数据的一致性和准确性。

4. 清洗的输出结果不要直接放在正式数据流或正式文件中

为了避免清洗过程中的错误影响正式数据流和正式文件,应将清洗的输出结果先放在测试环境或临时文件中进行验证。在确认无误后,再将数据迁移到正式数据流或正式文件中。

遵循这些规则,可以确保数据清洗过程的规范性和有效性,提高数据的质量和可靠性,也有助于降低数据清洗过程中的风险和提高清洗效率。

四、数据清洗工具及规则

数据清洗是数据预处理的核心环节,其目的在于纠正数据和使数据标准化,确保数据的质量和准确性。随着技术的发展,数据清洗工具也应运而生,它们可以大大简化清洗过程,提高清洗效率。

(一)工具介绍

用友分析云上采用的现代数据清洗工具提供了直观的用户界面和丰富的功能选项,使得用户能够便捷地上传需要清洗的数据,并设置相应的清洗规则。这些工具通常支持对整个数据表进行批量清洗,也支持对特定列进行精细化清洗。在清洗过程中,用户还可以随时重置数据,回到初始状态重新开始清洗,这为用户提供了极大的灵活性。

如图5-2所示的流程图展示了使用数据清洗工具的基本流程。首先,用户将需要清洗的数据上传至工具中;其次,根据数据的特点和分析需求,设置相应的清洗规则;再次,工具会根据这些规则对数据进行清洗,如果清洗结果未达到预期,用户可以选择重置数据,重新开始清洗过程;最后,当结果满足要求后,用户可以将清洗后的数据导出,供后续分析使用。

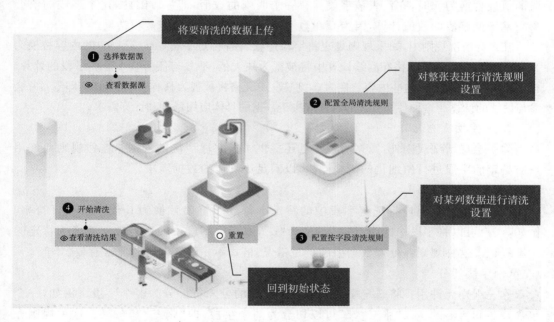

图5-2　使用数据清洗工具的流程图

(二)规则介绍

在数据清洗过程中,选择合适的清洗规则至关重要。这些规则不仅影响数据清洗的效果,还直接关系后续数据分析的准确性和可靠性。

1. 全局清洗规则

全局清洗规则就是对整个数据表中的所有字段进行统一的清洗操作。这种清洗方式通常放在其他清洗规则之前优先执行,因为它可以一次性解决多个字段中存在的共性问题,从而提高清洗效率。表5-1列出了几种常见的全局清洗规则及其描述。

表 5 - 1　全局清洗规则及其描述

全局规则	规则描述
非法字符清洗	对表中所有记录中含有非法字符的内容进行删除,非法字符包括:\/ * ?:"<>|
空格清理	对表中所有记录中的空格进行统一删除
-(仅有)替换为 Null	将字段记录值仅含有'-'的内容进行删除,存为空记录
-(仅有)替换为 0	将字段记录值仅含有'-'的内容进行替换,存为'0'
空格(仅有)替换为 Null	将字段记录值仅含有空格的内容进行删除,存为空记录
空格(仅有)替换为 0	将字段记录值仅含有空格的内容进行替换,存为'0'

在数据清洗过程中,Null 是一个特殊的标识,用于表示某个字段的数据值不存在或缺失。当一个字段的值被设置为 Null 时,它通常不参与基于该字段的数值计算,因为它没有明确的数值意义。相对地,0 是一个具体的数字类型或整型值,它表示数字零。当字段的值被替换为 0 时,它代表该字段具有一个明确的数值,即零。因此,这个字段的值会参与基于该字段的数值计算,因为 0 在数学运算中具有明确的定义和结果。

在全局清洗规则中,如果规则规定将字段中仅含有特定字符(如-或空格)的内容替换为 Null,则这些字段的单元格在后续计算中将被视为缺失值,不参与任何基于这些字段的计算。相反,如果规则规定将这些内容替换为 0,则这些单元格将被视为具有明确的数值(即零),并会参与后续的计算。这种替换方式的选择取决于数据的具体应用场景和计算需求。

2. 按字段清洗规则

除了全局清洗规则外,数据清洗工具还提供了按字段清洗的规则。这些规则允许用户对特定的字段进行精细化的清洗操作,以满足更具体的数据需求。

(1)字符替换

这一规则允许用户将选定字段中的特定字符或字符串替换为其他字符或字符串。例如,用户可以将字段中的所有"A"替换为"B",或者将字段中的所有数字替换为特定的文本标记。这种规则在处理数据中的拼写错误、格式不一致等问题时非常有效。

(2)字段切分

这一规则允许用户将选定字段的值按照指定的分隔符拆分为多个字段。例如,一个包含姓名和年龄的字段"张三_25"可以切分为两个字段,即"张三"和"25"。这种规则在处理复合字段、需要将字段中的不同信息分离出来时非常有效。

(3)字段合并

与字段切分相反,字段合并规则允许用户将选定的多个字段合并为一个字段。例如,可以将"姓名"和"年龄"两个字段合并为一个字段,如"张三_25"。这种规则在处理需要组合多个字段信息以形成新字段时非常有效。

(4)缺失值填补

在数据集中,出现缺失值是一个常见的问题。缺失值填补规则允许用户为选定字段中的缺失值提供替代值。常见的填补方式有均值填补、中位数填补、丢弃空值记录和填补为 0 等。填补方式的选择取决于数据的分布特点和分析需求。例如,如果数据呈正态分布,那么均值填补可能是一个不错的选择;如果数据中存在极端值或异常值,那么中位数填补可能更为合适。

数据清洗工具及其规则在数据预处理过程中发挥着至关重要的作用。通过合理选择和设置清洗规则,用户可以有效地提高数据的质量和准确性,为后续的数据分析打下坚实的基础。

第二节　案例引入

一、案例背景

B 公司是一家销售办公用品、办公家具和办公电子设备的公司,旗下有多家直营店,每月月底,各直营店都会向公司财务提供本月的订单详情表。现在公司的财务分析师手上有一份汇总多年的订单详情表。

订单详情表可在"资源下载"→"数据预处理实战"→"数据清洗"下载,文件名为"清洗示例-超市-1210 精简"。观察该表数据,表中单元格有"-"和空值,有的单元格有特殊字符。

二、任务目标

将表中单元格为空值和"-"的替换为 0;将表中的"客户 ID"拆分为两列,为"客户名称"和"客户 ID";将"产品名称"拆分为 3 列,分别为"品牌""品名""规格"。

三、任务实现

实现以上任务目标需要 3 个步骤,具体为:

步骤一:对整张表进行清洗,也称为全局清洗。

步骤二:对"客户 ID"列进行拆分。

步骤三:对"产品名称"列进行拆分。

第三节　公司销售数据清洗

一、公司销售数据清洗

(一)任务:全局清洗规则

1. 任务要求

使用全局清洗规则对整张表的数据进行清洗。

2. 操作步骤

选择数据源,在下拉列表中找到预置的超市数据,如图 5-3 所示。

配置全局清洗规则,勾选要使用的规则。字符清理规则为"非法字符清理";字符替换规则为"-(仅有)替换为 0""空格(仅有)替换为 0"。点击开始清洗按钮,清洗结束后,点击"查看清洗结果数据"。

图 5-3 预置的超市数据

(二)任务:客户分布分析

1. 任务要求

为进行客户分布分析,请将客户 ID 字段进行切分,切分出分析该主题所需要的客户名称和客户编号数据。

2. 操作步骤

点击"选择数据源",在下拉列表中找到预置的超市数据。

配置按字段清洗规则,单击"添加规则",选择按字段切分规则。点击规则下方"+"号按钮,在弹出的窗口中选择客户"ID",并点击右移(添加)按钮,确定;配置切分分隔符为"-",修改切分后的字段名称。清洗结束后,点击"查看清洗结果数据"。

(三)实战演练:受欢迎商品分析-产品名称切分

1. 任务描述

为分析受欢迎商品,需要提取产品的品牌、产品名称、产品规格数据,尝试对数据源字段进行按字段的清洗,并进行第一次切分,切分出品牌信息。

2. 操作步骤

(1)选择数据源,在下拉列表中找到预置的超市数据。

(2)配置按字段清洗规则,添加规则,字段清洗-字符替换,将 * 替换为空(勿输入任何内容)。

(3)添加规则,按字段清洗-字符替换,选择产品名称字段,将\替换为空(勿输入任何内容)。

(4)添加规则,按字段清洗-字符替换,选择产品名称字段,将/替换为空格(勿输入任何内容)。

(5)添加规则,按字段清洗-字符替换,选择产品名称字段,将 | 替换为空(勿输入任何内容)。

(6)添加规则,按字段清洗-字段切分,选择产品名称字段,切分分隔符设为空格。

(7)执行清洗任务,将上述清洗完的结果下载到本地后,重置清洗任务。

(8)选择数据源,上传刚才下载的清洗结果文件。

（9）配置按字段清洗规则-选择字段切分，按空格切分，将"产品名称"切分为两列为"品牌"和"品名规格"，将清洗结果下载保存。

（10）选择数据源，上传刚才下载的清洗结果文件。

（11）配置按字段清洗规则-选择字符替换，选择上一次清洗后的品名与规格字段，将空格替换为空。

（12）配置按字段清洗规则-选择字段切分，选择上一次清洗后的品名与规格字段，切分分隔符为"，"，切分后的字段命名为品名、规格。

二、用 Python 完成销售数据清洗

（一）Python 完成销售数据清洗

1. 任务描述

应用 Python 代码完成数据清洗，读懂 python 代码，并试着使用代码完成数据清洗工作。

2. 操作步骤

步骤一：全局清洗

将表格中值为"-"和空格的替换为 0。

步骤二：字段切分

将"客户 ID"用切分分割符"-"切分，分别列示为"客户 ID"和"客户名称"。

步骤三：字段拆分

去除字符："\\, \/, *"替换为空字符串；

替换字符："|"替换为空格；

字段拆分：产品名称，分隔符为空格（按空格键输入），切分为"品牌""品名规格"；

字符替换：品名规格的空格（输入空格键），替换为空（空字符串）；

字段切分：品名规格，分隔符为英文的逗号，切分为"品名"和"规格"。

步骤四：保存结果

将清洗结果保存至 csv 文件。

（二）代码内容

```
1   #导入 Python 库文件
2   import pandas as pd
3   #步骤一:全局清洗
4   #将表格中值为"-"和空格的替换为 0
5   file_name='数据清洗实战演练/2_清洗示例_超市_1210精简.csv'
6   df = pd.read_csv(file_name)
7   df2 = df.replace('-',0)
8   df2 = df2.replace('',0)
9   df2.to_csv('clean1_清洗示例-超市-1210精简.csv',index=False,
10    encoding='utf-8-sig')
11  #步骤二:字段切分
```

```
12    #将"客户 ID"用切分分割符"-"切分,分别列示为"客户 ID"和"客户名称"
13    file_name = 'clean1_清洗示例 - 超市 - 1210 精简 . csv'
14    df = pd. read_csv(file_name)
15    df[['客户名称 V,'客户 ID']] = df['客户 ID']. str. split('-',n = 1,expand = True)
16    df. to_csv('clean2_清洗示例 - 超市 - 1210 精简 . csv',index = False,
17    encoding = 'utf - 8 - sig')
18    #步骤三:字段拆分
19    file_name = 'clean2_清洗示例 - 超市 - 1210 精简 . csv'
20    df = pd. read_csv(file_name)
21    #1. 去除字符:\\,\/,* 替换为空字符串
22    # 可用 print(df. iloc[5457,11])验证
23    df. replace(r'\\|\/|\ * ','',regex = True,inplace = True)
24    #2. 替换字符:| 替换为空格
25    # 可用 print(df. iloc[6,11])验证
26    df. replace('\|',',regex = True,inplace = True)
27    #3. 字段拆分:产品名称,分隔符为空格(按空格键输入),切分为"品牌""品名规格"
28    df[['品牌','品名规格']] = df['产品名称']. str. split('',n = 1,expand = True)
29    df. drop(columns = '产品名称',inplace = True)
30    #4. 字符替换:品名规格的空格(输入空格键),替换为空(空字符串)
31    df['品名规格']. replace('',",regex = True,inplace = True)
32    #5. 字段切分:品名规格,分隔符为英文的逗号,切分为"品名"和"规格"
33    df[['品名','规格']] = df['品名规格']. str. split(',',n = 1,expand = True)
34    df. drop(columns = '品名规格',inplace = True)
      #步骤四:将清洗结果保存至 csv 文件
      df. to_csv('clean3_清洗示例 - 超市 - 1210 精简 . csv',index = False,
      encoding = 'utf - 8 - sig')
```

⚙ 思政园地

在"数据清洗"的学习过程中,学习者不仅要掌握数据清洗的核心内容与应用技巧,还要深刻领会数据清洗为何是数据处理的关键环节。它要求学习者以严谨的态度和细致的精神,剔除数据中的噪声和异常值,确保数据的准确性和可靠性。这一过程体现了学习者对待工作认真负责和对待数据尊重敬畏的态度。与此同时,学习者也要意识到,数据清洗不仅是一项技术活动,更是一项道德活动。在数据清洗过程中,学习者要始终坚守诚信原则,避免任何形式的数据篡改和造假行为。

第六章　数据集成

【学习目标】
- 了解数据集成的概念
- 掌握数据关联
- 掌握数据合并

第一节　基础知识介绍

一、数据集成的概念

从广义上来说,在企业中,由于开发时间或开发部门的不同,往往有多个异构的、运行在不同软硬件平台上的信息系统同时存在。这些系统的数据源彼此独立、相互封闭,这使得数据难以在系统之间交流、共享和融合,从而形成了"信息孤岛"。随着信息化应用的不断深入,企业内部、企业与外部信息交互的需求日益强烈,急切需要对已有信息进行整合,联通"信息孤岛",共享数据信息,这些整合数据信息的一系列方案被称为数据集成。

从狭义上来说,数据集成是一个数据整合的过程,就是指将多份数据合并成数据集的过程和方法。通过综合各数据源,将拥有不同结构、不同属性的数据合并,存放在一个一致的数据存储中,如存放在数据仓库中。这些数据源可能包括多个数据库、数据立方体或一般文件,合并成数据集后会产生更高的数据价值和更丰富的数据。

数据集成最常见的两种方法为数据关联与数据合并。前者用于将不同数据内容的表格根据条件进行左右连接,后者用于将相同或相似数据内容的表格进行上下连接,数据关联与数据合并的形象如图 6-1 所示。

数据关联　　　　　　　　　数据合并

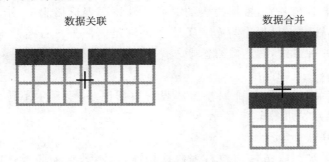

图 6-1　数据关联与数据合并的形象图

二、数据关联的方式

数据关联必须有关联条件,一般是指左表的主键或其他唯一约束字段(即没有重复值)与右表的主键或其他唯一约束字段相等(相同),数据关联方式如图6-2所示。

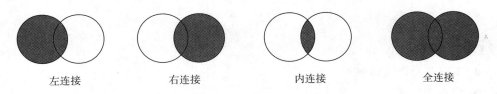

| 左连接 | 右连接 | 内连接 | 全连接 |

图6-2 数据关联方式图

(一)数据关联——左连接

左连接是以左表为基础,根据两表的关联条件将两表连接起来,结果会将左表所有的数据条目列出,而右表只列出与左表关联条件满足的部分。左连接全称为左外连接,属于外连接的一种方式,左连接的连接方式如图6-3所示。

ID	A	B	C
1	11	21	31
2	12	22	32
3	13	23	33

+

ID	D	E	F
2	42	52	62
3	43	53	63
4	44	54	64

ID	A	B	C	D	E	F
1	11	21	31			
2	12	22	32	42	52	62
3	13	23	33	43	53	63

图6-3 数据关联——左连接示意图

(二)数据关联——右连接

右连接是以右表为基础,根据两表的关联条件将两表连接起来,结果会将右表所有的数据条目列出,而左表只列出与右表关联条件满足的部分。右连接全称为右外连接,也属于外连接的一种方式,右连接的连接方式如图6-4所示。

(三)数据关联——内连接

内连接只显示满足关联条件的左右两表的数据记录,不显示不符合关联条件的数据,内连接的连接方式如图6-5所示。

(四)数据关联——全连接

全连接即将满足关联条件的左右表数据相连,但不满足关联条件的各表数据仍保留,两表之间无对应数据的内容为空值,全连接的连接方式如图6-6所示。

ID	A	B	C
1	11	21	31
2	12	22	32
3	13	23	33

+

ID	D	E	F
2	42	52	62
3	43	53	63
4	44	54	64

ID	A	B	C	D	E	F
2	12	22	32	42	52	62
3	13	23	33	43	53	63
4				44	54	64

图 6 - 4　数据关联——右连接示意图

ID	A	B	C
1	11	21	31
2	12	22	32
3	13	23	33

+

ID	D	E	F
2	42	52	62
3	43	53	63
4	44	54	64

ID	A	B	C	D	E	F
2	12	22	32	42	52	62
3	13	23	33	43	53	63

图 6 - 5　数据关联——内连接示意图

ID	A	B	C
1	11	21	31
2	12	22	32
3	13	23	33

+

ID	D	E	F
2	42	52	62
3	43	53	63
4	44	54	64

ID	A	B	C	D	E	F
1	11	21	31			
2	12	22	32	42	52	62
3	13	23	33	43	53	63
4				44	54	64

图 6 - 6　数据关联——全连接示意图

(五)数据关联——笛卡尔积

数据关联时,如果关联条件设置不当,极有可能出现笛卡尔积现象。在数学中,两个集合 **X** 和 **Y** 的笛卡尔积(Cartesian product),又称直积,表示为 $X \times Y$,通俗地说,就是指包含两个集合中任意取出两个元素构成组合的集合,笛卡尔积的连接方式如图 6-7 所示。

ID	A	B	C
1	11	21	31
2	12	22	32
3	13	23	33

+

ID	D	E	F
2	42	52	62
3	43	53	63
4	44	54	64

ID	A	B	C	ID	D	E	F
1	11	21	31	2	42	52	62
1	11	21	31	3	43	53	63
1	11	21	31	1	44	54	64
2	12	22	32	2	42	52	63
2	12	22	32	3	43	53	63
2	12	22	32	4	44	54	64
3	13	23	33	2	42	52	62
3	13	23	33	3	43	53	63
3	13	23	33	4	44	54	64

图 6-7　数据关联——笛卡尔积示意图

三、数据合并

数据合并,也称数据追加,是指对多份数据字段基本完全相同的数据进行上下连接。如有两个数据库表格,它们两个对应的字段是相同的,那么可以对这两个表进行上下连接,数据合并的方式如图 6-8 所示。

ID	A	B	C
1	11	21	31
2	12	22	32
3	13	23	33

+

ID	A	B	C
6	62	72	82
7	73	83	93
8	84	94	104

ID	A	B	C
1	11	21	31
2	12	22	32
3	13	23	33
6	63	73	83
7	73	83	93
8	83	93	103

图 6-8　数据合并示意图

第二节　数据关联实操案例

一、案例背景

针对清洗后的超市销售数据表,B 公司数据分析师要从省份和大区两个维度统计销售额。由于数据表中只有"城市"的数据,没有省份和大区的数据,数据分析师做了两张表,分别为城市表和省区表。城市表是城市和省区的对应表,超市销售情况表中的每一个城市都有对应的省区。省区表是省份和大区的对应表,每个省份都对应了所属的大区,省区表如图 6-9 所示。

省/自治区	地区
安徽	华东
澳门	台港澳
北京	华北
福建	华东
甘肃	西北
广东	中南
广西	中南
贵州	西南
海南	中南
河北	华北
河南	中南
黑龙江	东北
湖北	中南
湖南	中南
吉林	东北
江苏	华东
江西	华东
辽宁	东北
内蒙古	华北

图 6-9　省区表

城市表和省区表可在平台"资源下载"中进行下载查看。

二、任务目标

将超市数据与地区数据关联，"超市销售情况表"上增加"省份"列和"地区"列，与"城市"列相匹配。

三、任务实现

实现该项任务，需要完成两个步骤。

步骤一：数据上传

将下载的"超市数据清洗结果""城市表""省区表"上传到用友分析云。

步骤二：数据关联

单击"新建"按钮，系统弹出"创建数据集"窗口，选择"关联数据集"，名称设为"超市省区关联"。

单击"确定"，将"超市数据清洗结果""城市表""省区表"依次拖拽到右方数据编辑区。

先选择"超市数据清洗结果"，再单击"城市表"，系统弹出"连接"窗口，选择"左连接"，关联字段是"城市"，单击"确定"，如图 6-10 所示。

注意：此次关联以"超市数据清洗结果"为主表，如果该表在左边，则关联方式选择"左连接"，如果该表在右边，则需要选择"右连接"。

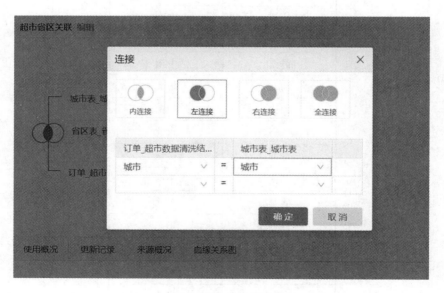

图 6-10　表关联 1

点选"城市表"之后再点选"省区表"，系统弹出"连接"窗口，选择"左连接"，关联字段是"省自治区"，单击"确定"，如图 6-11 所示。

注意：此次关联是以"城市表"为主表，如果该表在左边，则关联方式选择"左连接"，如果该表在右边，则需要选择"右连接"。

图 6-11 表关联 2

单击"执行",系统将三张表连接成一张表,在下方的数据预览区可以看到表中有"自治区"列和"地区"列。

单击"abc",修改关联表的"数量""折扣""利润"三列的数据类型,将"abc"格式改为"123"格式(即由文本格式改为数值格式),如图 6-12 所示。

abc 品牌	abc 销售额	abc 数量	abc 折扣	abc 利润
Boston	295.344	3	0.2	55.104
惠普	2395.26	3	0	694.26
Smead	53.34	1	0	23.38
Ames	204.96	3	0	24.36
WilsonJones	1084.608	8	0.4	-289.632
Chromcraft	8469.825	5	0.25	1806.525
贝尔金	1610.28	3	0	418.32
Barricks	6987.12	4	0.25	-2236.08

图 6-12 修改数据类型

单击"保存",将关联结果保存成功,在"我的数据"中可查看关联的数据集。

第三节　数据合并实操案例

一、案例背景

现有 AJHXNL 公司利润表及同行企业金岭矿业公司利润表。财务分析师要对两家公司的利润表项目数据进行横向对比分析。

二、任务目标

在用友分析云中，将 AJHXNL 公司和金岭矿业的利润表进行合并。

三、任务实现

实现该项任务，需要完成两个步骤。

步骤一：数据上传——把要合并的表（AJHXNL 公司和金岭矿业利润表）上传到用友分析云。

步骤二：合并利润表——将 AJHXNL 公司和金岭矿业利润表进行合并。

单击"新建"，在弹出的窗口中选择"追加数据集"，输入数据集的名称"AJ 和金岭利润表合并"，单击"确定"。

选择"数据集"中"金岭矿业利润表"，拖入数据编辑区，弹出"选择所需字段"窗口，选择合并表中要使用的指标，可以将指标全选，也可以仅选择要分析的指标，比如本次就是对比分析营业收入、营业成本、三大费用、投资收益和营业利润，那么只选择这些指标即可。

单击"确定"，页面右侧空白区显示出金岭矿业所选的指标字段，选择"数据集"中"AJHXIL 利润表"，拖入数据编辑区，弹出"选择所需字段"窗口，选择合并表中要使用的指标，指标选择和金岭矿业所选字段一致，单击"确定"，所选字段显示在数据编辑区，选择"数据集"中"AJHXIL 利润表"，拖入数据编辑区，弹出"选择所需字段"窗口，选择合并表中使用的指标，指标选择和金岭矿业所选字段一致。

项目设置对应完毕，单击"执行"按钮，两张表合成了一张表，可以在数据预览区查看到合并后的表中既有金岭公司数据，也有 AJHXJL 数据，单击"保存"，将以上合并结果保存成功。

第四节　数据关联和数据合并实操案例

一、任务要求

沿用上两节案例，请按照上述两节操作相同步骤将"资产负债表-AJHXJL"和"利润表-AJHXJL"进行数据关联；将"资产负债表-AJHXJL"和"资产负债表-金岭矿业"进行数据合并。

二、操作步骤

从资源下载处将"资产负债表-AJHXJL""利润表-AJHXJL""资产负债表-金岭矿业"下载到本地；将下载的表上传到用友分析云；将"资产负债表-AJHXJL""利润表-AJHXJL"进行数据关联；将"资产负债表-AJHXJL""资产负债表-金岭矿业"进行数据合并。

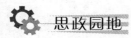 **思政园地**

数据集成不仅是技术层面的操作，更是对数据的深度理解和利用，体现了科学严谨的态度和精益求精的精神。通过数据关联，数据分析人员能够发现隐藏在数据背后的规律与联系，为科学决策提供有力支撑；通过数据合并，数据分析人员能够整合资源，实现信息的最大化利用。在这个过程中，学习者需要始终保持对数据真实性的敬畏、对数据准确性的追求，以及对数据完整性的坚持。这既是对技术的尊重，也是对科学精神的传承。因此，在学习数据集成的过程中，学习者不仅要提升技术能力，更要培养科学精神，为我国的信息化建设贡献自己的力量。

第七章　可视化设计

【学习目标】
● 掌握数据可视化的应用
● 掌握故事板设计

第一节　案例引入

一、案例背景

2019年10月8日,AJHXJL矿业科技有限公司管理层计划召开公司月度经营分析会议,财务总监将在会上作经营分析报告。现要求财务分析师设计一个决策看板,以便财务总监进行汇报。

决策看板包括6个可视化图表,分别反映公司资产状况、客户金额 TOP5、客户销售区域分布、公司营业收入、公司净利润及公司收入结构。

公司资产状况:展示最近3年的总资产变动趋势和资产负债率的变动趋势。

客户金额 TOP5:展示公司销售额最大的5名客户的销售金额。

客户销售区域分布:展示公司有销售额发生的地区。

公司营业收入:展示2015—2019年连续5年的收入变动趋势,增加预警线(预警线＝1800000000),辅助线(辅助线为收入平均值)。

公司净利润:展示2015—2019年连续5年的净利润变动趋势。

公司收入结构:显示公司主营业务收入、其他业务收入、投资收益、营业外收入的比例。

二、任务目标

完成可视化看板,图形颜色可以自行选择,做到明确直观。

三、任务实现

完成看板设计,需要完成以下5个步骤。

步骤一:确定数据源

从分析要求中可以确定本次分析需要用到的数据表为资产负债表、利润表和客户销售情况表,将这几张表上传至用友分析云。

步骤二:数据关联

根据分析指标的取值范围,确定是否需要数据关联操作。若指标数据均来自资产负债表,则无需为资产负债表建立与其他表的关联;若指标数据既取自资产负债表,也取自利润表,则需要将资产负债表和利润表进行关联。

步骤三:可视化设计

根据分析需求创建可视化图表,设置辅助线与预警设置。

步骤四:故事板设计

在故事板中排列和美化可视化图表。

步骤五:完成设计

预览、导出、分享故事板。

第二节　数据准备

一、数据准备

(一)要求

将资产负债表、利润表和客户销售情况表上传到用友分析云。

(二)操作步骤

从资源下载处将"资产负债表""利润表""客户销售情况表"下载到本地;进入用友分析云界面,点击"数据准备",点击"上传";选择需要上传的文件及文件工作表;选择要保存的数据集文件夹,点击"确定"。

二、数据关联操作——利润表和资产负债表建立关联

点击"数据准备"进行"新建";选择数据类型为"关联数据集",名称为"资产与利润关联表",拖拽资产负债表和利润表到数据预览区域,点击两个需要关联的表进行连接,选择"内连接"或"左连接",点击"确定",保存后,点击"执行"。

第三节　可视化设计实操

一、创建"公司资产状况"可视化看板

(一)任务描述

创建"公司资产状况"可视化看板,要求展示公司近3年的总资产变动情况和资产负债率的变动趋势。

(二)操作步骤——建立总资产变动趋势图

步骤一:单击左侧"分析设计"进行"新建",进入"新建故事板"页面,将故事板名称命名为"分析云初体验",选择保存目录为"我的故事板"。

步骤二:单击"确认"按钮后,进入故事板设计页面,单击"可视化"进行"新建",系统弹出"选择数据集"对话框,选择数据集为"我的数据"中"资产与利润关联表"。

步骤三:单击"确定"按钮后,进入可视化看板设计页面,将左侧"年_年份"拖拽到右侧的"维度"处,将左侧的"资产总计"指标拖拽到右侧的"指标"处,此时以系统默认的柱状图展示数据。

步骤四:继续调整横轴排序方式,单击维度"年份"下的向下箭头,选择"升序"-"年_年份"。

(三)计算"资产负债率"指标

步骤一:单击左侧"指标"右边的"+"号,出现"计算字段",继续单击"计算字段",出现"添加字段"对话框。

步骤二:设置名称为"资产负债率",字段类型为"数字",公式为 avg(负债合计)/avg(资产总计),继续单击"确定"按钮,完成新增字段设置。

步骤三:将新建的"资产负债率"拖拽到指标处。

步骤四:在图形区选择"双轴图"图标,图形自动变更为双轴图显示。

(四)设置过滤条件,只显示近 3 年的数据

单击"过滤",弹出"添加过滤条件"对话框,单击其中的"按条件添加",选择"年_年份",包含 2017、2018、2019。

二、创建"客户金额 TOP5"可视化看板

(一)任务描述

要求展示公司销售排名前五的客户的销售金额。

(二)操作步骤

步骤一:单击"可视化"中"新建",选择数据集"客户销售情况表"。

步骤二:进入可视化设计页面,将当前可视化对象命名为"客户金额 TOP5",维度选择"客户档案名称",指标选择"金额"。

步骤三:将图形改为"条形图",金额按升序排列。

步骤四:单击"显示设置",勾选"显示后",值为 5。

步骤五:单击"保存",再单击"退出",完成看板设计。

三、创建"客户销售区域分布"可视化看板

(一)任务描述

创建客户销售区域全国分布图,有销售额的地区用不同的颜色显示,而且能够从省区穿透到市区进行查询,显示该省不同市区的销售情况。

(二)操作步骤

1. 创建客户销售区域全国分布图

步骤一:单击"可视化"中"新建",选择数据集"客户销售情况表"。

步骤二:进入可视化看板设计页面,维度选择"省",指标选择"金额"。

步骤三:选择图形为中国地图。

步骤四:设置颜色,将有销售额的省份用不同的颜色显示,单击"颜色",将"省"拖拽到颜色下面。

2. 数据钻取，从省份穿透查询到各市区的销售分布

步骤一：单击左侧"维度"右边的"＋"号，单击"层级"，系统弹出"钻取层级"对话框。

步骤二：层级名称设置为"由省到市"，在下面的左侧框中选中"省""市"，单击向右的箭头，将其添加到右侧框中，单击"确定"。

步骤三：回到可视化设计页面，将维度"省"删除，将新增层级"由省到市"拖拽到维度区。

步骤四：在中国地图上单击"内蒙古"，再将图形设置为省份矢量图，即显示内蒙古的市区分布图。

四、创建"公司营业收入"可视化看板

（一）任务描述

做出公司 5 年营业收入趋势图；显示营业收入的平均值；当营业收入小于 18 亿时，系统自动向有关人员发布预警信息。

（二）操作步骤

1. 作出公司 5 年营业收入趋势图

步骤一：单击"可视化"中"新建"，选择数据表"资产与利润关联表"。

步骤二：进入可视化看板设计页面，维度选择"年_年份"，指标选择"营业收入"，图形选择"折线图"。

2. 设置营业收入的平均值线

步骤一：单击"辅助线"，将指标"营业收入"拖拽到辅助线下面，此时系统弹出"设置辅助线"对话框。

步骤二：辅助线计算方式选择"计算线""平均值"，颜色设置为绿色。

步骤三：单击"确认"，辅助线显示在可视化图形中。

3. 设置预警提示

步骤一：单击"预警线"，将指标"营业收入"拖拽到辅助线下面，系统弹出"设置指标预警"对话框，单击"添加条件格式"，设置营业收入小于 1800000000。

步骤二：单击"下一步"，选择预警时需要通知的人员。

步骤三：单击"下一步"，设置预警级别、预警线颜色、预警内容等。

步骤四：单击"确认"，返回到可视化设计页面，此时，页面中增加了预警线显示。

五、净利润变动趋势图

（一）任务描述

展示 2015—2019 年连续 5 年的净利润变动趋势。

（二）操作步骤

步骤一：单击"可视化"中"新建"，选择数据表"资产与利润关联表"。

步骤二：维度选择"年_年份"，指标选择"净利润"，图形选择"堆叠区域图"。

步骤三：将"年_年份"按升序排列。

步骤四:点击"保存"。

六、公司收入结构图

（一）任务描述

创建公司收入结构看板,显示公司主营业务收入、其他业务收入、投资收益、营业外收入的比例。

（二）操作步骤

步骤一:单击"可视化"中"新建",选择数据表"资产与利润关联表"。

步骤二:指标选择"主营业务收入""其他业务收入""投资收益""营业外收入",图形选择"环形图"或"饼图"。

步骤三:点击"保存"。

第四节　故事板设计实操

一、设置故事板主题和时间筛选

（一）任务描述

将可视化图形在故事板中排序,调整图形大小、颜色、字体和底色等;设置筛选器,图表数据能根据年份不同而变化。

（二）操作步骤

1. 设置故事板主题

步骤一:回到故事板界面,将可视化图形按业务逻辑排序。

步骤二:选中"画布",即不要选中画布中的任一图形,而是用鼠标单击可视化图形之外的空白方格处,右侧出现"画布"设置面板,可以在此处设置画布的尺寸大小。

步骤三:单击"主题"中选择"暗色主题",将故事板的主题颜色变为暗色显示。

2. 设置筛选器

步骤一:单击"筛选器""树形筛选器""树下拉"。

步骤二:在右侧选择数据源"资产与利润关联表"。

步骤三:将"年_年份"拖拽到"筛选字段"下。

步骤四:在"树下拉筛选器"中,选择年份为"2016",则故事板中所有以"资产与利润关联表"为数据源的可视化图表都将显示 2016 年的数据。

二、预览、分享、导出故事板

（一）任务描述

故事板设计完成后,预览其设计效果,将其分享给其他同事,或者将其导出。

（二）操作步骤

步骤一:故事板设计完成后,单击"预览"按钮,可以查看整个故事板的内容。

步骤二:单击"分享"按钮,系统生成微信二维码,只要用手机扫描二维码,便可在手机上查看该故事板。

步骤三:单击故事板中的"导出"按钮,将该故事板导出成图片、PDF 或 Excel。

 **思政园地**

　　数据可视化可以将复杂的数据以直观、生动的形式展现出来,便于分析人员理解和分析,体现了科学性与实用性的统一。而故事板设计则是将数据与故事相结合,以生动的叙事方式传达信息,这既是对数据价值的深入挖掘,也是对表达方式的创新。在这一过程中,学习者不仅要掌握技术方法,更要培养科学精神、创新意识和人文关怀。通过可视化设计,提高学习者理解和利用数据的能力,从而使其能更好地服务社会、服务人民,为构建和谐社会贡献智慧和力量。

第八章　投资者角度的财务报告分析

【学习目标】
● 掌握从投资者角度分析盈利能力指标的方法
● 掌握从投资者角度分析偿债能力指标的方法
● 掌握从投资者角度分析营运能力指标的方法
● 掌握从投资者角度分析发展能力指标的方法

第一节　案例引入与前导知识

一、投资分析背景资料

(一)公司简介

AJHXJL矿业科技有限公司于2003年成立,是一家集矿山采选技术研究、矿产资源勘查、矿山设计、矿山投资开发、矿产品加工与销售于一体的集团化企业,总公司下辖28家子公司,拥有矿山31个,资源占有量16.61亿吨,其中,铁矿资源8.97亿吨、钼矿资源4.9亿吨、原煤资源1.3亿吨、方解石资源463万吨、远景储量1000万吨、铜矿资源930万吨。目前已投产的铁矿山22个、煤矿2个、钼矿1个、方解石矿1个、铜矿1个。年产铁精粉550万吨、钼精粉15000吨、铜金属4200吨、锌精粉3000吨、铅精粉8000吨、磷精粉110万吨、硫精粉15万吨、硫酸11万吨、硫酸钾4万吨、磷酸氢钙2万吨。公司通过自我勘查与合作勘查,在内蒙古、青海、云南、西藏、河北等地拥有铁、铜、煤等资源探矿权。公司现有员工3200人,其中,具有博士、硕士学位的有20余人,具有学士学位的有100余人,各专业技术人才有1500人。

(二)企业组织结构

AJHXJL矿业科技有限公司的组织结构如图8-1所示。

(三)企业投资分析需求

AJHXJL矿业科技有限公司投资部在物色新的投资对象,因为“有色金属冶炼及压延加工业”是该公司的下游行业,公司想从该行业中筛选出一个综合能力表现优秀的企业进行投资。公司数据源自上交所所有上市公司2015—2019年的季报、半年报和年报数据。

二、投资分析指标

利益相关者通常主要从盈利能力、偿债能力、运营能力、发展能力4个方面评价该行

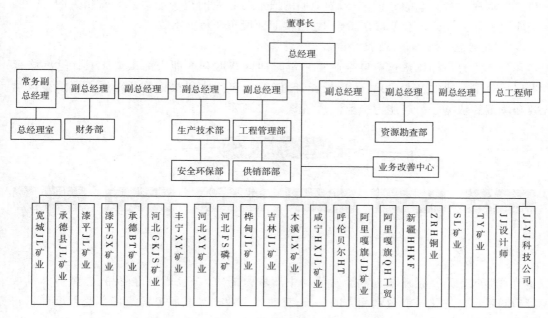

图 8-1　AJHXJL 矿业科技有限公司组织结构图

业各企业的业绩表现。盈利能力指标包括营业收入、净利润、营业利润率、总资产报酬率、毛利率；偿债能力指标包括速动比率、流动比率、现金比率、资产负债率；营运能力指标包括总资产周转率、存货周转率、流动资产周转率、应收账款周转率；发展能力指标包括营业收入增长率、营业利润增长率、利润总额增长率、净资产收益率增长率。

三、财务报告分析前导知识

(一)盈利能力分析

1. 概述

盈利能力是指企业获取利润,实现资金增值的能力,是企业持续经营和发展的保证。通常情况下,利润率越高,盈利能力越强;利润率越低,盈利能力越差。企业经营业绩的好坏,最终可通过企业的盈利能力来反映。根据盈利能力分析,可以判断企业经营人员的业绩,进而发现问题、完善企业的管理模式。

2. 目的

对于企业经理人来说,盈利能力的有关指标可以反映和衡量企业经营业绩,他们通过盈利能力分析可以发现经营管理中存在的问题。

对于债权人来说,盈利能力的强弱直接影响企业的偿债能力。企业举债时,债权人势必审查企业的偿债能力,而偿债能力的强弱最终取决于企业的盈利能力。因此,分析企业的盈利能力对债权人也是非常重要的。

对于股东(投资人)来说,股东的直接目的就是获得更多的利润,因为对于信用相同或相近的几个企业,股东总是将资金投向盈利能力强的企业。股东关心企业赚取利润的多少并重视对利润率的分析,是因为他们的股息与企业的盈利能力是紧密相关的;此外,企业盈利能力提升还会使股票价格上升,从而使股东获得资本收益。

3. 盈利能力指标体系

盈利能力指标体系是衡量企业在一定时期内获取利润能力的重要工具。这些指标不仅反映了企业的经营成果,还为投资者、债权人和其他利益相关者提供了评估企业绩效和决策的依据。盈利能力指标体系如图8-2所示。

图8-2 盈利能力指标体系

(1)营业收入

营业收入是指企业在正常经营活动中所取得的收入,包括销售商品、提供劳务等所得到的款项。它是企业盈利能力的基础,反映了企业产品或服务的市场接受程度和销售能力。

营业收入的增长通常意味着企业市场份额的扩大和竞争力的提升,是评估企业成长性和盈利能力的重要指标。

(2)净利润

净利润是指企业在扣除所有费用(包括税费)后所剩余的利润。它是衡量企业经营成果的最终指标,反映了企业在一定时期内的盈利能力和经营效率。

净利润直接决定了企业的盈利能力和股东回报。一个企业有着持续增长的净利润通常意味着该企业具有良好的盈利能力和稳健的财务状况。

(3)营业利润率

营业利润率是指企业的营业利润与营业收入之比。它反映了企业在正常经营活动中每取得一定收入所能实现的利润水平。

营业利润率是衡量企业经营效率和管理水平的重要指标。一个企业有着较高的营业利润率通常意味着该企业能够有效地控制成本和费用,实现更好的盈利。

(4)营业净利率

营业净利率是指企业的净利润与营业收入之比。它反映了企业在扣除所有费用和税费后每取得一定收入所能实现的净利润水平。

营业净利率是衡量企业盈利能力和经营效率的核心指标。一个企业有着较高的营业净利率意味着该企业能够在激烈的市场竞争中保持较高的盈利水平。

(5)营业毛利率

营业毛利率是指企业的毛利润(营业收入减去营业成本)与营业收入之比。它反映了企业在销售商品或提供劳务过程中所能实现的毛利润水平。

营业毛利率是衡量企业产品或服务附加值和成本控制能力的重要指标。一个企业有着较高的营业毛利率通常意味着该企业的产品或服务具有较高的附加值和市场竞争力。

(6)总资产报酬率

总资产报酬率是指企业的净利润与总资产之比。它反映了企业利用全部资产获取利润的效率和能力。

总资产报酬率是衡量企业资产利用效率和盈利能力的重要指标。一个企业有着较高的总资产报酬率意味着该企业能够充分利用其资产实现更好的盈利,反映了企业资产管理的有效性。

盈利能力指标相互补充,从多个角度全面反映了企业的盈利能力和经营效率。投资者和其他利益相关者可以通过分析这些指标来评估企业的绩效和未来发展潜力,从而做出更明智的决策。

4. 盈利能力常用指标解释

关于盈利能力常用指标的解释见表 8-1 所列。

表 8-1　盈利能力指标体系一览表

指标名称	指标说明	公式
营业利润率	营业利润率是指企业的营业利润与营业收入的比率。它是衡量企业经营效率的指标,反映了在考虑营业成本的情况下,企业管理者通过经营获取利润的能力。营业利润率越高,说明企业商品销售额提供的营业利润越多,企业的盈利能力越强;反之,此比率越低,说明企业盈利能力越弱。	营业利润率＝营业利润/营业收入×100%
营业净利率	该指标是净利润与营业收入之比,反映每1元营业收入最终赚了多少利润,用于反映产品最终的盈利能力。	营业净利率＝净利润/营业收入×100%
营业毛利率	营业毛利率是营业毛利与营业收入之比,反映每1元营业收入所包含的毛利润是多少,即营业收入扣除营业成本后还有多少剩余可用于弥补各期费用和形成利润。营业毛利率越高,表明产品的盈利能力越强。	营业毛利率＝(营业收入－营业成本)/营业收入×100%
总资产净利率	此指标是指净利润与平均资产总额之比,反映每1元资产创造的净利润,衡量的是企业资产的盈利能力。总资产净利率越高,表明企业资产的利用效果越好。企业可以通过提高营业净利率、加速资产周转来提高总资产净利率。	总资产净利率＝净利润/平均资产总额×100%

(二)偿债能力分析

1. 概述

偿债能力是指企业偿还各种到期债务的能力。企业能否及时偿还到期债务,是反映企业财务状况好坏的重要标志。偿债能力分析包括短期偿债能力分析和长期偿债能力分析。

偿债能力分析有利于债权人进行正确的借贷决策;有利于投资者进行正确的投资决策;有利于企业经营者进行正确的经营决策;有利于正确评价企业的财务状况。

2. 目的

通过偿债能力分析,可以了解企业的财务状况。企业能否及时偿还到期债务,是反映企业财务状况好坏的重要标志,揭示了企业所承担的财务风险程度。企业负债比率越高,到期不能按时偿付的可能性越大,财务风险就越大。企业是否拥有足够的现金或随时可变现的资产,直接影响到企业偿债能力的强弱,决定财务风险大小。

通过偿债能力分析,还可以预测企业筹资前景。企业偿债能力强,说明企业财务状况较好,信誉较高,债权人就愿意将资金借给企业。

通过偿债能力分析,也可以为企业进行各种理财活动提供重要参考。企业偿债能力强,可能表明企业有充裕的资金或其他能随时变现的资产,企业就可以利用暂时闲置的资金进行其他投资活动,提高资产的利用效果。

3. 偿债能力指标体系

偿债能力指标体系如图8-3所示。

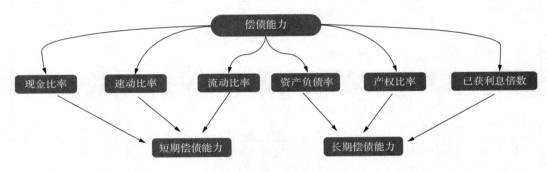

图8-3 偿债能力指标体系

4. 偿债能力常用指标解释

关于偿债能力常用指标的解释见表8-2、表8-3所列。

表8-2 短期偿债能力指标体系一览表

指标名称	指标说明	公式
流动比率	流动比率是流动资产与流动负债之比,表明每1元流动负债有多少流动资产做保障。流动比率越大,通常企业短期偿债能力越强。	流动比率=流动资产/流动负债
速动比率	速动比率是企业速动资产与流动负债之比,反映每1元流动负债有多少速动资产作为偿债保障。速动比率越大,表明企业短期偿债能力越强。	速动比率=速动资产/流动负债
现金比率	现金比率是企业现金资产与流动负债之比,表明每1元流动负债有多少现金作为偿债保障。现金比率越高,说明企业变现能力越强,此比率也称为变现比率。	现金比率=(货币资金+交易性金融资产)÷流动负债

表 8-3　长期偿债能力指标体系一览表

指标名称	指标说明	公式
资产负债率	资产负债率是企业负债总额与资产总额之比,反映总资产中有多大比例是通过负债取得的。该指标可以衡量企业清算资产对债权人的保障程度。一般情况下,资产负债率越小,表明企业长期偿债能力越强。如果该指标过小则表明企业对财务杠杆利用不够。国际上认为合适的资产负债率为60%。	资产负债率＝负债总额/资产总额×100%
产权比率	产权比率是负债总额与所有者权益之比,表明债权人提供的资本和所有者提供的资本的相对关系,反映企业财务结构是否稳定。一般来说,所有者提供的资本大于借入资本为好。比率越低,表明企业的长期偿债能力越强,债权人权益的保障程度越高,承担的风险越小;同时也表明债权人资本受到所有者权益保障的程度,或者是企业清算时对债权人利益的保障程度。	产权比率＝负债总额/所有者权益总额×100%

(三)营运能力分析

1. 概述

营运能力指企业资产运用、循环的效率。资金周转越快,流动性越高,企业的偿债能力越强,资产获取利润的速度就越快。

营运能力体现在企业对资产的利用上,其从根本上决定了企业的经营状况和经济效益。

2. 目的

通过营运能力分析,可以得出,如果企业资产的流动性营运能力越强,资产的流动性越高,企业获得预期收益的可能性越大。通过营运能力分析,可以评价企业资产利用的效率,企业营运能力的实质就是以尽可能少的资产占用、尽可能短的周转时间,产出尽可能多的产品,实现尽可能多的销售收入,创造出尽可能多的利润。通过营运能力分析,可以挖掘企业资产利用的潜力,了解企业资产利用方面存在哪些问题,尚有多大潜力,进而采取有效措施,提高企业资产营运能力。

其中,总资产营运能力分析通过对总资产产值率、总资产收入率和总资产周转率的分析,揭示总资产周转速度和利用效率变动的原因,评价总资产营运能力。流动资产周转速度分析指通过对流动资产周转率、流动资产垫支周转率、存货周转率和应收账款周转率进行分析,揭示流动资产周转速度变动的原因,评价流动资产的利用效率和资产的流动性。固定资产利用效果分析指通过对固定资产产值率和固定资产收入率进行分析,揭示固定资产利用效果变动的原因,评价资产的效益。

3. 营运能力指标体系

营运能力指标体系如图 8-4 所示。

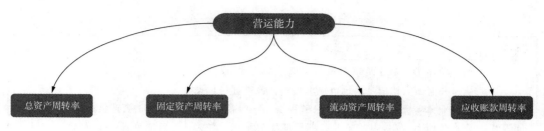

图 8-4 营运能力指标体系

4. 营运能力常用指标解释

关于营运能力常用指标的解释见表 8-4 所示。

表 8-4 营运能力指标体系一览表

指标名称	指标说明	公式
总资产周转率	因经营业务的特征不同,不同行业的总资产周转率的指标呈现出明显的行业特征。批发业总资产周转率均值最高,全部资产能达到每年平均周转约 1.6 次,而一些行业平均周转率只能达到 0.2 至 0.4 次,如钢铁、煤炭、电力行业等。	总资产周转率＝营业收入/总资产×100%
固定资产周转率	固定资产周转率是反映企业固定资产周转情况,从而衡量固定资产利用效率的一项指标。固定资产周转率越高(即一定时期内固定资产周转次数多),表明企业固定资产利用越充分,同时也能表明企业固定资产投资得当,固定资产结构合理,能够充分发挥效率。反之,如果固定资产周转率不高,则表明固定资产使用效率不高,提供的生产成果不多,企业运营能力不强。	固定资产周转率＝营业收入/固定资产净额×100%
流动资产周转率	影响流动资产周转率的因素包括:一是流动资产垫支周转率;二是成本收入率。流动资产垫支周转率反映了流动资产的真正周转速度,成本收入率说明了所费与所得之间的关系,反映了流动资产利用效果。加速流动资产垫支周转速度是手段,提高流动资产利用效果才是目的,因此,加速流动资产垫支周转速度必须以提高成本收入率为前提。	流动资产周转率＝营业收入/流动资产合计×100%
应收账款周转率	应收账款周转率说明年度内应收账款转换为现金的平均次数,体现了应收账款变现速度和企业收款效率。一般认为周转率越高越好。	应收账款周转率＝营业收入/应收账款×100%

(四)发展能力分析

1. 概述

发展能力是指企业扩大规模、壮大实力的潜在能力,又称成长能力。

发展能力分析主要考察以下 8 项指标,如图 8-5 所示。

图 8-5　发展能力指标

2. 目的

发展能力分析能补充和完善传统财务分析,是盈利能力、营运能力及偿债能力的综合体现;可以为预测分析与价值评估作铺垫,并提供基础数据来源,具有十分重要的作用。

发展能力分析,能够满足相关利益者的决策需求,具体为:

(1)对于股东而言,可以通过发展能力分析衡量企业创造股东价值的能力,从而为采取下一步战略行动提供依据。

(2)对于潜在的投资者而言,可以通过发展能力分析评价企业的成长性,从而选择合适的目标企业做出正确的投资决策。

(3)对于经营者而言,可以通过发展能力分析发现影响企业未来发展的关键因素,从而采取正确的经营策略和财务策略,促进企业可持续增长。

(4)对于债权人而言,可以通过发展能力分析判断企业未来的盈利能力,从而做出正确的信贷决策。

3. 发展能力指标体系

发展能力指标体系如图8-6所示。

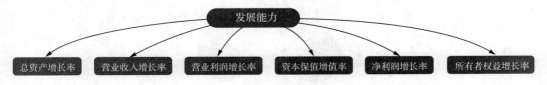

图 8-6　发展能力指标体系

4. 发展能力常用指标解释

关于发展能力常用指标的解释见表8-5所列。

表 8-5　发展能力常用指标体系一览表

指标名称	指标说明	公式
总资产增长率	总资产增长率是企业本年总资产增长额同年初资产总额的比率,反映了企业本期资产规模的增长情况。总资产增长率越高,表明企业一定时期内的资产经营规模扩张速度越快。但在分析时,需要关注资产规模扩张的质和量的关系,以及企业的后续发展能力,避免盲目扩张。	总资产增长率＝ (年末资产总额－年初资产总额)/ 年初资产总额×100%

（续表）

指标名称	指标说明	公式
营业收入增长率	营业收入增长率是企业本年营业收入增长额与上年营业收入总额的比率,反映了企业营业收入的增减变动情况。营业收入增长率大于零,表明企业本年营业收入有所增长。该指标值越高,表明企业营业收入的增长速度越快,企业市场前景越好。	营业收入增长率＝ (本年营业收入－上年营业收入)/ 上年营业收入总额×100%
净利润增长率	净利润增长率指企业当期净利润比上期净利润增长的幅度,指标值越大,代表企业盈利能力越强。净利润是指利润总额减所得税后的余额,是当年实现的可供出资人(股东)分配的净收益,也称为税后利润。它是一个企业经营的最终成果,净利润多,企业经营效益就好;净利润少,企业经营效益就差。它是衡量一个企业经营效益的重要指标。	净利润增长率＝ (本年净利润－上年净利润)/ 上年净利润×100%

5. 企业整体发展能力分析框架

企业整体发展能力分析框架如图8-7所示。一个企业的股东权益增长率、收入增长率、利润增长率、资产增长率都同时增长,而且增长幅度高于行业平均值时,才能说明该企业的发展能力比较强。

图8-7 企业整体发展能力分析框架

第二节 数据准备

一、进入课程对应项目

在用友分析云上,进入"投资者角度的财务报告分析项目",点击"投资者角度的财务报告分析",点击"数据准备"。

二、操作步骤

(一)操作说明

新建关联数据集,将 XBRL 中的利润表、资产负债表、现金流量表、行业分类表拖放到数据集中,点击两个表后设置关联条件,选择合适的关联条件字段。

(二)具体操作

选择"数据准备"项目,点击"开始任务",点开"数据准备",并打开财务大数据文件夹。

在财务报告大数据文件夹里,找到 XBRL 报表。

XBRL 报表是平台爬取的涉及 49 行业 1800 多家企业的财务数据,本书的投资者分析板块所有数据均来源此表,后续操作不再赘述这一步骤。

第三节 盈利能力分析实操

一、任务要求

(一)任务内容

2019 年 1 月 5 日,根据公司要求,从给定的上市公司数据源中提取数据,对有色金属冶炼及压延加工业进行盈利能力分析。

分析指标包括营业收入、净利润、毛利率、净资产收益率(ROE)、营业利润率、总资产报酬率、营业净利率。

(二)操作步骤

1. 营业收入

营业收入数据表:XBRL。可视化设置步骤如下:

(1)可视化命名为营业收入。

(2)选择维度与指标:

① 维度:企业简称;

② 指标:营业收入。

(3)添加过滤:

① 报表类型＝5000;

② 报表年份＝2018;

③ 行业＝有色金属冶炼及压延加工业。

(4)将营业收入指标按升序排序。

(5)选择显示图形,显示设置为显示后 20。

2. 净利润

净利润数据表:XBRL。可视化设置步骤如下:

(1)可视化命名为净利润。

(2)选择维度与指标:

① 维度:企业简称;

② 指标:净利润。

(3)添加过滤:

① 报表类型＝5000;

② 报表年份＝2018；

③ 行业＝有色金属冶炼及压延加工业。

(4)将净利润指标按升序排序。

(5)选择显示图形，显示设置为显示后20。

3. 毛利率

毛利率数据表：XBRL。可视化设置步骤如下：

(1)可视化命名为毛利率。

(2)新建字段：

① 字段名：毛利率；

② 字段类型："数字型"；

③ 计算公式：[sum(营业收入(元)x)－sum[营业成本(元)x)] * 100/sum[营业收入(元)x]。

(3)选择维度与指标：

① 维度：企业简称；

② 指标：毛利率。

(4)添加过滤：

① 报表类型＝5000；

② 报表年份＝2018；

③ 行业＝有色金属冶炼及压延加工业。

(5)将毛利率指标按升序排序。

(6)选择显示图形，显示设置为显示后20。

4. 净资产收益率(ROE)

净资产收益率(ROE)数据表：XBRL。可视化设置步骤如下：

(1)可视化命名为净资产收益率。

(2)新建字段：

① 字段名：净资产收益率；

② 字段类型："数字型"；

③ 计算公式：sum[净利润(元)x] * 100/avg[所有者权益(元)x]。

(3)选择维度与指标：

① 维度：企业简称；

② 指标：净资产收益率。

(4)添加过滤：

① 报表类型＝5000；

② 报表年份＝2018；

③ 行业＝有色金属冶炼及压延加工业。

(5)将净资产收益率指标按升序排序。

(6)选择显示图形，显示设置为显示后20。

5. 营业利润率

营业利润率数据表:XBRL。可视化设置步骤如下:

(1)可视化命名为营业利润率。

(2)新建字段:

① 字段名:营业利润率;

② 字段类型:"数字型";

③ 计算公式:sum[营业利润(元)x] * 100/sum[营业收入(元)x]。

(3)选择维度与指标:

① 维度:企业简称;

② 指标:营业利润率。

(4)添加过滤:

① 报表类型=5000;

② 报表年份=2018;

③ 行业=有色金属冶炼及压延加工业。

(5)将营业利润率指标按升序排序。

(6)选择显示图形,显示设置为显示后20。

6. 总资产报酬率

总资产报酬率数据表:XBRL。可视化设置步骤如下:

(1)可视化命名为总资产报酬率。

(2)新建字段:

① 字段名:总资产报酬率;

② 字段类型:"数字型";

③ 计算公式:[sum(财务费用(元)x)＋sum[利润总额(元)x)] * 100/avg[资产总计(元)x]。

(3)选择维度与指标:

① 维度:企业简称;

② 指标:总资产报酬率。

(4)添加过滤:

① 报表类型=5000;

② 报表年份=2018;

③ 行业=有色金属冶炼及压延加工业。

(5)将总资产报酬率指标按降序排序。

(6)选择显示图形,显示设置为显示后20。

7. 营业净利率

营业净利率数据表:XBRL。可视化设置步骤如下:

(1)可视化命名为营业净利率。

(2)新建字段:

① 字段名:营业净利率;

② 字段类型:"数字型";

③ 计算公式:sum[净利润(元)x] * 100/sum[营业收入(元)x]。

(3)选择维度与指标:

① 维度:企业简称;

② 指标:营业净利率。

(4)添加过滤:

① 报表类型＝5000;

② 报表年份＝2018;

③ 行业＝有色金属冶炼及压延加工业。

(5)将营业净利率指标按降序排序。

(6)选择显示图形,显示设置为显示后20。

二、任务操作

(一)指标选取

反映一个企业盈利能力的指标有绝对值指标和相对值指标。盈利能力绝对值指标包括营业收入、利润总额、净利润等;盈利能力相对值指标包括毛利率、营业利润率、营业净利率、成本费用利润率、总资产报酬率、净资产收益率、盈余现金保障倍数等。本案例选取演示的指标是营业收入、净利润、毛利率、营业利润率、总资产报酬率、净资产收益率、营业净利率。

(二)指标计算

营业收入和净利润是利润表的报表项目,无需公式计算,在用友分析云中可直接作为指标使用。营业利润率、总资产报酬率、毛利率需要在用友分析云中新增指标,设置公式计算指标数值。下面以计算毛利率为例,说明在用友分析云中新建计算指标的操作步骤。

步骤一:点击"任务",点击"开始任务",进入用友分析云大数据平台。

步骤二:单击"分析设计"界面中的"新建"按钮,在下拉菜单中单击"新建故事板"。

步骤三:输入故事板名称:盈利能力分析,并保存在"我的故事板"下,单击"确认"按钮。

步骤四:点击"可视化"中"新建",从"数据集"中依次选择"财务大数据"、"财务报告分析"下的 XBRL 数据源,单击"确定"。

步骤五:将默认的"新建可视化"更改为"毛利率",单击"指标"右侧的"＋"号,选择"计算字段"。

步骤六:进入编辑界面,编辑字段信息。

注意:(1)表达式中的符号必须为英文状态,sum 函数不能手工输入,必须从下方"函数"中"数学函数"处选择输入;"营业收入(元)"和"营业成本(元)"可在"可选字段"中"XBRL"处选择输入(按下 Ctrl＋F 键,可以搜索字段,快速找到目标字段)。

（2）函数的选择规则：因为利润表指标数值是时期数，资产负债表指标数是时点数，所以凡是利润表指标的计算都是用 sum 求和函数，凡是资产负债表指标的计算都是用 avg 平均值函数。

（3）将分子乘以 100，是为了将数值显示为百分数，这样显示比小数显示可视化效果更佳。

步骤七：编辑完成后，单击"确定"按钮，指标新增成功，在"指标"的最下方，可以查看到新增的指标"毛利率"。

三、可视化看板设计

本案例的目标是在"有色金属及压延加工业"中挑选出盈利能力强的企业，此处使用的方法是把该行业最近一年（本次选择的是 2018 年）的盈利能力指标值进行排序，从排序靠前的企业中挑选出目标投资企业。

（一）创建可视化看板

以创建行业毛利率排名的看板为例，在毛利率基础上，继续下面的操作。

步骤一：在毛利率可视化看板中，重命名看板名为"行业毛利率排名"。

步骤二：维度选择"企业简称"，指标选择"毛利率"，图形选择条形图。

步骤三：单击过滤下的"设置"，添加过滤条件，单击"按条件添加"，添加以下几个条件。

注意：报表类型等于 5000 条件中，5000 为年报，表示要显示全年数据。

步骤四：输入完成后，单击"确定"按钮后即可看到可视化结果。

步骤五：单击"毛利率"指标下"升序"。

步骤六：设置显示毛利率排名后 20 位的企业。

步骤七：设置显示毛利率排名后 20 位企业。

注意：条形图的升序排列是将指标数据在图中从下往上依次升序排列，即指标小的在条形图的下方显示，指标大的在条形图的上方显示。显示后 20 位是显示指标数值大的前 20 位。

步骤八：行业毛利率排名的可视化设置完毕后，单击右上角的"保存"按钮和"退出"按钮，即可在可视化看板上显示设置好的图形，调整图形大小，即可得到最终结果。

（二）优化可视化界面显示效果

在做营业收入和净利润的看板时，由于指标数据较大不便于识读，为提高显示效果，可以将数据换算为以"亿"为单位显示，且增加千分位分隔符。下面以营业收入看板为例，讲解可视化看板的优化方法。

步骤一：按照创建"行业毛利率排名"可视化看板的方法创建"行业营业收入排名"可视化看板，维度选择"企业简称"，指标选择"营业收入（元）"，过滤设置为"报表类型等于 5000、报表年份等于 2018、行业等于有色金属冶炼及压延加工业"，图形设置为"条形图"，对指标按升序排序，设置显示设置为显示后 20 项。

步骤二：单击"指标"下的"数据格式"，在数据显示格式页面，输入缩放率

"100000000"，千分位设置为"启用"，小数位设置为"2"。

步骤三：修改指标显示名。单击"指标"下的"设置显示名"，将"营业收入（元）"改为"营业收入（亿元）"，即可得到修改后结果。

四、指标解读

通过观察并分析营业收入、净利润、毛利率、营业利润率、总资产报酬率、净资产收益率、营业净利率、营业净利率等盈利能力可视化看板的排名，可以看出，江西铜业和中国铝业尽管营业收入庞大、净利润高，但在产品获利、投资收益、经营效率、资产运营等方面的表现却较为逊色；反观旭升股份，营业收入仅有 11 亿，只有江西铜业的 0.5%，但净利润却能达到 3 亿左右，且一系列指标均远高于行业其他公司，充分表明其具有较强的盈利能力。除此之外，深圳新星和华友钴业各项指标也较为可观，盈利潜力同样不容小视。

第四节　偿债能力分析实操

一、任务要求

（一）任务内容

2019 年 1 月 5 日，根据公司要求，从给定的上市公司数据源中提取数据，对有色金属冶炼及压延加工业进行偿债能力分析。分析指标包括速动比率、流动比率、现金比率、资产负债率。

（二）操作步骤

1. 流动比率

流动比率数据表：XBRL。可视化设置步骤如下：

（1）可视化命名为流动比率。

（2）新建字段：

① 字段名：流动比率；

② 字段类型："数字型"；

③ 计算公式：$\mathrm{avg}[$流动资产合计（元）$x]/\mathrm{avg}[$流动负债合计（元）$x]$。

（3）选择维度与指标：

① 维度：企业简称；

② 指标：流动比率。

（4）添加过滤：

① 报表类型＝5000；

② 报表年份＝2018；

③ 行业＝有色金属冶炼及压延加工业。

（5）将流动比率指标按升序排序。

（6）选择图形：条形图。

(7)显示设置为显示后 20。

(8)添加辅助线,流动比率固定值=1.5。

2. 速动比率

速动比率数据表:XBRL。可视化设置步骤如下:

(1)可视化命名为速动比率。

(2)新建字段:

① 字段名:速动比率;

② 字段类型:"数字型";

③ 计算公式:$\{$avg$[$流动资产合计(元)$x]$—avg$[$存货(元)$x]\}/$avg$[$流动负债合计(元)$x]$。

(3)选择维度与指标:

① 维度:企业简称;

② 指标:速动比率。

(4)添加过滤:

① 报表类型=5000;

② 报表年份=2018;

③ 行业=有色金属冶炼及压延加工业。

(5)将速动比率指标按升序排序。

(6)选择显示图形,显示设置为显示后 20。

(7)添加辅助线,速动比率固定值=1。

3. 现金比率

现金比率数据表:XBRL。可视化设置步骤如下:

(1)可视化命名为现金比率。

(2)新建字段:

① 字段名:现金比率;

② 字段类型:"数字型";

③ 计算公式:$\{$avg$[$货币资金(元)$x]$＋avg$[$交易性金融资产(元)$x]\}/$avg$[$流动负债合计(元)$x]$。

(3)选择维度与指标:

① 维度:企业简称;

② 指标:现金比率。

(4)添加过滤:

① 报表类型=5000;

② 报表年份=2018;

③ 行业=有色金属冶炼及压延加工业。

(5)将现金比率指标按升序排序。

(6)选择显示图形,显示设置为显示后 20。

（7）添加辅助线，现金比率固定值为 0.2。

4. 资产负债率

资产负债率数据表：XBRL。可视化设置步骤如下：

（1）可视化命名为资产负债率。

（2）新建字段：

① 字段名：资产负债率；

② 字段类型："数字型"；

③ 计算公式：avg[负债合计（元）x] * 100/avg[资产总计（元）x]。

（3）选择维度与指标：

① 维度：企业简称；

② 指标：资产负债率。

（4）添加过滤：

① 报表类型＝5000；

② 报表年份＝2018；

③ 行业＝有色金属冶炼及压延加工业。

（5）将资产负债率指标按降序排序。

（6）选择图形：条形图，显示设置为显示后 20。

（7）添加辅助线或预警线，预警指标满足"任一条件"，如条件为资产负债率＞70。

二、任务操作

（一）指标选取

反映一个企业偿债能力的指标有短期偿债能力指标和长期偿债能力指标。短期偿债能力指标有流动比率、速动比率、现金比率、经营活动净现金比率等；长期偿债能力指标有资产负债率、产权比率、利息偿付倍数等。本案例选取的指标是速动比率、流动比率、现金比率和资产负债率。

（二）指标计算

计算速动比率、流动比率、现金比率和资产负债率时需要在用友分析云中新增指标，设置公式计算指标数值。流动比率、速动比率、现金比率、资产负债率指标公式设置方法同盈利能力分析中的"毛利率"指标设置。

三、可视化看板设计

（一）设置辅助线

一般认为流动比率大于等于 2 时，比较理想，最低不小于 1.5；速动比率大于等于 1 时，较好；现金比率最好大于等于 20％；资产负债率最好小于等于 70％。这些指标的理想数值可以通过用友分析云中的设置辅助线功能，在可视化看板上显示出来。下面以流动比率辅助线设置为 1.5 为例，讲解具体操作步骤。

步骤一：按照前面讲述的方法，创建流动比率可视化看板。

步骤二：将指标"流动比率"拖拽到"辅助线"下，弹出"设置辅助线"的窗口，在"固定值"处输入"1.5"，颜色选择"红色"。

步骤三：单击"确认"按钮，辅助线设置完毕。可视化看板上将增加一条红色辅助线。

（二）设置指标预警

如果希望指标在超出或低于某一个值时给出预警，则可以设置指标预警线。比如当资产负债率指标值高于70%时，系统自动给相关人员发送预警信息。下面以设置资产负债率预警线为例，讲解具体操作步骤。

步骤一：按照前面讲述的方法，创建资产负债率可视化看板。

步骤二：将指标"资产负债率"拖到预警线下方，弹出"设置指标预警"对话框。

步骤三：设置预警条件。单击"添加条件格式"，设置条件为资产负债率大于70。

步骤四：设置预警的内容，包括级别、预警线颜色及预警的内容。

步骤五：单击"确认"按钮，完成预警设置。以后当满足预警条件时，系统会自动给相关人员发送预警消息。

四、指标解读

通过观察并分析流动比率、速动比率、现金比率、资产负债率等偿债能力排名可视化看板完成后的效果，可以看出吉翔股份、怡球资源、贡研铂业、盛和资源的各项偿债能力指标均较为适中，没有明显偏高或偏低；江西铜业和博威合金除现金比率偏高外，其他指标也较为合理，表明这几家公司的偿债能力较为适宜；此外，深圳新星和旭升股份的短期偿债能力指标普遍偏高，华友钴业则普遍偏低，表明这几家公司盘活资金、充分利用短期负债获利的能力还有待加强。

第五节　营运能力分析实操

一、任务要求

（一）任务内容

2019年1月5日，根据公司要求，从给定的上市公司数据源中提取数据，对有色金属冶炼及压延加工业进行营运能力分析。分析指标包括总资产周转率、存货周转率、流动资产周转率、应收账款周转率。

（二）操作步骤

1. 总资产周转天数

总资产周转天数数据集：XBRL。可视化设置步骤如下：

（1）可视化命名为总资产周转天数。

（2）新建计算字段：

① 字段名："总资产周转天数"；

② 数据类型："数字"；

③ 计算公式:$365 * \mathrm{avg}[$资产总计(元)$x]/\mathrm{sum}[$营业收入(元)$x]$。

(3)选择维度与指标:

① 维度:企业简称;

② 指标:总资产周转天数。

(4)设置过滤条件:

① 行业=有色金属冶炼及压延加工业;

② 报表类型=5000;

③ 报表年份=2018。

(5)选择显示图形(建议图形:条形图),显示设置为先将指标降序排列,然后显示后20位。

2. 固定资产周转天数

固定资产周转天数数据集:XBRL。可视化设置步骤如下:

(1)可视化命名为固定资产周转天数。

(2)新建计算字段:

① 字段名:"固定资产周转天数";

② 数据类型:"数字";

③ 计算公式:$365 * \mathrm{avg}[$固定资产净额(元)$x]/\mathrm{sum}[$营业收入(元)$x]$。

(3)选择维度与指标:

① 维度:企业简称;

② 指标:固定资产周转天数。

(4)设置过滤条件:

① 行业=有色金属冶炼及压延加工业;

② 报表类型=5000;

③ 报表年份=2018。

(5)选择显示图形(建议图形:条形图),显示设置为先将指标降序排列,然后显示后20位。

3. 流动资产周转天数

流动资产周转天数数据集:XBRL。可视化设置步骤如下:

(1)可视化命名为流动资产周转天数。

(2)新建计算字段:

① 字段名:"流动资产周转天数";

② 数据类型:"数字";

③ 计算公式:$365 * \mathrm{avg}[$流动资产合计(元)$x]/\mathrm{sum}[$营业收入(元)$x]$。

(3)选择维度与指标:

① 维度:企业简称;

② 指标:流动资产周转天数。

(4)设置过滤条件:

① 行业=有色金属冶炼及压延加工业;

② 报表类型＝5000；

③ 报表年份＝2018。

（5）选择显示图形（建议图形：条形图），显示设置为先将指标降序排列，然后显示后20位。

4. 应收账款周转天数

应收账款周转天数数据集：XBRL。可视化设置步骤如下：

（1）可视化命名为应收账款周转天数。

（2）新建计算字段：

① 字段名："应收账款周转天数"；

② 数据类型："数字"；

③ 计算公式：$365 * \mathrm{avg}[$应收账款（元）$x]/\mathrm{sum}[$营业收入（元）$x]$。

（3）选择维度与指标：

① 维度：企业简称；

② 指标：应收账款周转天数。

（4）设置过滤条件：

① 行业＝有色金属冶炼及压延加工业；

② 报表类型＝5000；

③ 报表年份＝2018。

（5）选择显示图形（建议图形：条形图），显示设置为先将指标降序排列，然后显示后20位。

二、任务操作

（一）指标选取

反映一个企业营运能力的指标有周转率和周转天数。本案例选取演示的指标是总资产周转天数、存货周转天数、流动资产周转天数和应收账款周转天数。

（二）指标计算

流动资产周转天数、总资产周转天数、固定资产周转天数和应收账款周转天数需要在用友分析云中新增指标，设置公式计算指标数值。设置方法同盈利能力分析中的"毛利率"指标。

三、可视化看板设计

通常情况下，周转天数一般越短越好。以流动资产周转天数为例，周转天数越短，说明其变现速度越快，变现速度快，流动资产的风险就越低。

在设计周转天数可视化看板时，应按周转天数降序排列，即条形图从上往下是按照天数从少到多排序。

四、指标解读

通过观察并分析总资产周转天数、固定资产周转天数、流动资产周转天数、应收账款周转天数营运能力指标排名的可视化看板,可以看出众源新材、贵研铂业、株治集团和江西铜业这几家公司的资产流动性较高,营运能力较强,获得预期收益的可能性较大;鹏欣资源除固定资产周转率偏低外,其他各项指标良好,具备较好的营运能力;深圳新星和华友钴业则相对偏低,营运能力较差。

第六节　发展能力分析实操

一、任务要求

(一)任务内容

2019 年 1 月 5 日,根据公司要求,从给定的上市公司数据源中提取数据,对有色金属冶炼及压延加工业进行发展能力分析。分析指标包括总资产增长率、销售收入增长率、净利润增长率、总资产增长量、销售收入增长量、净利润增长量。

(二)操作步骤

1. 总资产增长率

总资产增长率数据集:XBRL。可视化设置步骤如下:

(1)可视化命名为总资产增长率:

① 维度:企业简称;

② 指标:资产总计。

(2)设置过滤条件:

① 行业＝有色金属冶炼及压延加工业;

② 报表类型＝5000。

(3)设置"高级计算"——同比/环比:

① 日期字段:报表日期　年;

② 对比类型:同比;

③ 所选日期:2018 年;

④ 计算:增长率;

⑤ 间隔:1 年。

(4)选择显示图形,显示设置为先将指标升序排列,然后显示后 20 位。

2. 销售收入增长率

销售收入增长率数据集:XBRL。可视化设置步骤如下:

(1)可视化命名为销售收入增长率:

① 维度:企业简称;

② 指标:营业收入。

(2)设置过滤条件:

① 行业＝有色金属冶炼及压延加工业;

② 报表类型＝5000。

（3）设置"高级计算"——同比/环比：

① 日期字段：报表日期　年；

② 对比类型：同比；

③ 所选日期：2018 年；

④ 计算：增长率；

⑤ 间隔：1 年。

（4）选择显示图形，显示设置为先将指标升序排列，然后显示后 20 位。

3. 净利润增长率

净利润增长率数据集：XBRL，可视化设置步骤如下：

（1）可视化命名为净利润增长率：

① 维度：企业简称；

② 指标：净利润。

（2）设置过滤条件：

① 行业＝有色金属冶炼及压延加工业；

② 报表类型＝5000。

（3）设置"高级计算"——同比/环比：

① 日期字段：报表日期　年；

② 对比类型：同比；

③ 所选日期：2018 年；

④ 计算：增长率；

⑤ 间隔：1 年。

（4）选择显示图形，显示设置为先将指标升序排列，然后显示后 20 位。

4. 总资产增长量

总资产增长量数据集：XBRL。可视化设置步骤如下：

（1）可视化命名为总资产增长量：

① 维度：企业简称；

② 指标：资产总计。

（2）设置过滤条件：

① 行业＝有色金属冶炼及压延加工业；

② 报表类型＝5000。

（3）设置"高级计算"——同比/环比：

① 日期字段：报表日期　年；

② 对比类型：同比；

③ 所选日期：2018 年；

④ 计算：增长量；

⑤ 间隔：1 年。

（4）选择显示图形，显示设置为先将指标升序排列，然后显示后 20 位。

5. 销售收入增长量

销售收入增长量数据集：XBRL。可视化设置步骤如下：

(1)可视化命名为销售收入增长量：

① 维度：企业简称；

② 指标：营业收入。

(2)设置过滤条件：

① 行业＝有色金属冶炼及压延加工业；

② 报表类型＝5000。

(3)设置"高级计算"——同比/环比：

① 日期字段：报表日期　年；

② 对比类型：同比；

③ 所选日期：2018年；

④ 计算：增长量；

⑤ 间隔：1年。

(4)选择显示图形，显示设置为先将指标升序排列，然后显示后20位。

6. 净利润增长量

净利润增长量数据集：XBRL。可视化设置步骤如下：

(1)可视化命名为净利润增长量：

① 维度：企业简称；

② 指标：净利润。

(2)设置过滤条件：

① 行业＝有色金属冶炼及压延加工业；

② 报表类型＝5000。

(3)设置"高级计算"——同比/环比：

① 日期字段：报表日期　年；

② 对比类型：同比；

③ 所选日期：2018年；

④ 计算：增长量；

⑤ 间隔：1年。

(4)选择显示图形，显示设置为先将指标升序排列，然后显示后20位。

二、任务实战

(一)指标选取

反映一个企业发展能力的指标有销售收入增长率、营业收入增长率、总资产增长率、净利润增长率、每股收益增长率和资本积累率等。本案例选取演示的指标有相对值指标，如总资产增长率、销售收入增长率、净利润增长率等；也有绝对值指标，如总资产增长量、销售收入增长量、净利润增长量等。

（二）指标计算

增长率和增长量的计算不用设置公式，用用友分析云中的同比计算功能即可实现。下面以总资产增长率为例讲解操作步骤。

步骤一：按照前面讲述的方法，创建总资产增长率可视化看板。

步骤二：单击"指标"中"高级计算"选择"同比/环比"，进入同比/环比设置页面。

步骤三：按要求进行同比设置，以对比 2018 年和 2017 年数据。注意此处的日期设置与当前操作的年份有关，比如当选择 2018 年时，而当前年份是 2022 年，则 2018 年距 2022 年相隔 4 个年份，如图 8-8 所示。

图 8-8　增长率同比设置

步骤四：设置完毕后，单击"确定"按钮。

步骤五：增长量的设置和增长率相似，不同点是"计算"处选择"增长值"，如图 8-9 所示。

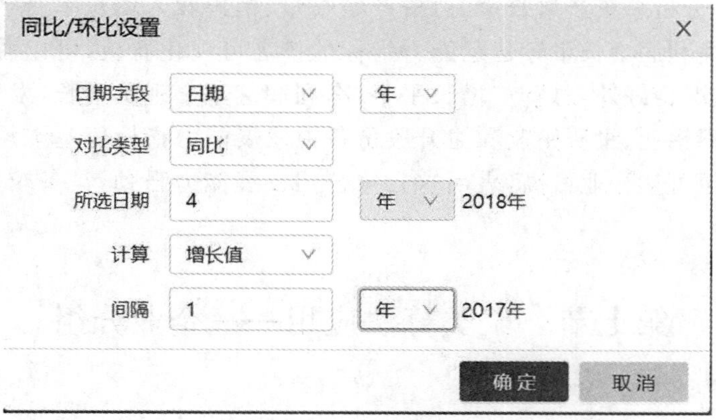

图 8-9　增长值同比设置

三、可视化看板设计

步骤一：将增长量的数值设置为按"亿元"为单位显示。单击"指标"中"数据格式"，设置内容如图 8 - 10 所示。

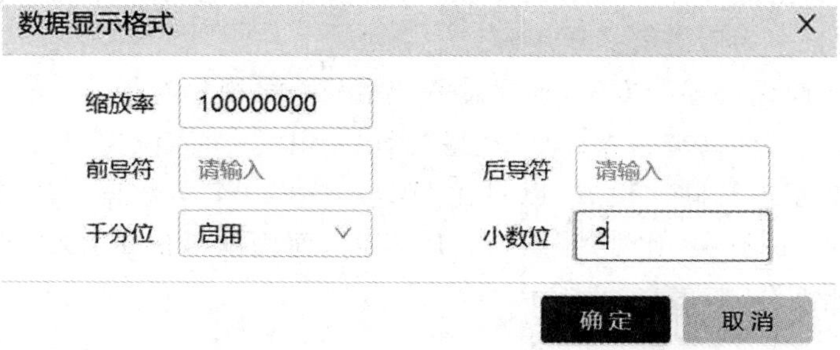

图 8 - 10　数据格式设置

步骤二：单击"指标"中"设置显示名"将标签名称修改为"资产增长量（亿元）"，如图 8 - 11所示。

图 8 - 11　标签名称修改

步骤三：设置完成后可视化图形。

四、指标解读

通过观察并分析总资产增长率、总资产增长量、销售收入增长率、销售收入增长量、净利润增长率、净利润增长量等营运能力指标的排名可视化看板，可以看出鹏欣资源除销售收入增长情况良好外，总资产增长平平，净利润甚至出现负增长，发展能力不稳定；而江西铜业、明泰铝业、贵研铂业和旭升股份各项发展能力指标值基本均保持在中等偏上水平，个别甚至可达行业最高，表明这几家公司发展能力强劲，具备较强的扩大规模、壮大实力的潜能。

第七节　聚类算法应用——企业分组

一、任务要求

（一）任务内容

财务总监根据盈利能力指标对"有色金属冶炼及压延加工业"的企业进行聚类分析，通过聚类算法筛选出投资的目标企业。

(二)操作步骤

1. 选择数据源

在用友分析云分析板块上,点击"选择数据源",弹出右侧"选择数据源框",点击向下的箭头,选择"聚类分析原表(1)",点击"保存"。

2. 配置模型

点击"配置模型",弹出模型库,选择聚类分析模型中的"K-means",弹出 K-means 参数设置框。

(1)聚类变量

点击"＋"号,将"净资产收益率""营业利润率""总资产报酬率"设为变量,点击"确认"。

(2)聚类个数

设置 1～10;点击"计算",查看计算结果;从图中可以看出 K 值超过 3 以后畸变程度变化显著明显,因此,通常选取拐点(knee point)为最优的 K,肘部就是 $K=3$;最佳聚类个数为 3。

3. 开始建模

在完成数据选择和模型配置后,接下来是执行聚类分析的关键步骤——开始建模。这个步骤将利用之前设置的参数和选择的算法(在本例中为 K-means 算法)对数据进行处理,并生成聚类结果。

步骤一:启动建模过程。在选择了 K-means 算法并设置了聚类变量和聚类个数后,点击"开始建模"或相应的启动按钮来启动聚类分析过程。这个过程可能需要一些时间,具体取决于数据集的大小和复杂性。

步骤二:监控建模进度。在建模过程中,系统通常会显示一个进度条或类似的指示器,以便用户了解建模的进度。用户可以根据这个指示器来判断建模是否已经完成或仍在进行中。

步骤三:检查建模日志。如果系统提供了建模日志的功能,用户可以在建模过程中或建模完成后查看日志,以了解建模过程中发生的所有步骤和任何潜在的问题。这有助于用户诊断和解决任何可能出现的问题。

步骤四:等待建模完成。一旦建模开始,用户需要等待建模过程完成。这个时间可能从几秒钟到几分钟,具体取决于数据集的大小和复杂性,以及服务器的性能。

步骤五:查看聚类结果。当建模完成后,用户需要查看聚类结果。这通常可以通过查看聚类结果的可视化图表或表格来完成。在本例中,由于选择了 K-means 算法,并且已经设置了聚类个数为 3,因此,可以看到 3 个不同的聚类组,每组代表了盈利能力指标上具有相似特征的企业集合。

用户可以通过查看聚类结果来评估算法的效果,并基于聚类结果来做出进一步的决策,如筛选出投资的目标企业等。此外,用户还可以根据需要对聚类结果进行进一步的分析和解释,以更好地理解聚类结果的含义和潜在价值。

4. 查看聚类结果

将聚类结果下载到本地,将聚类结果表的第一列替换为公司名称,可以观察到算法将指标值都为正的聚成了一类。

5. 第二次聚类,将指标为正的再次进行分组

将第一次聚类表中指标值都为正的公司另存成一张表,将该表数据上传,再次进行聚类分析,将指标表现优异的公司筛选出来。

二、操作实战

(一)确定参与聚类的指标

确定参与聚类的指标实际上是选择按哪些指标对企业进行分组,可以将模块一中的四大能力指标都选上,也可以选择其中的部分指标。本次实验选择盈利能力的 3 个指标(净资产收益率、营业利润率和总资产报酬率)进行聚类。

由于净资产收益率、营业利润率和总资产报酬率的值已经在模块一的实战中计算完毕,为此,此处可直接将这 3 个指标值从用友分析云中导出,导出和整理指标数据的步骤如下:

步骤一:数据导出。在"盈利能力分析"看板上,单击"导出",选择"Excel"。

步骤二:在弹出的"Excel"窗口中,勾选要导出的指标为净资产收益率、营业利润率、总资产报酬率,单击"确定"。

步骤三:导出的 Excel 表一般默认保存在 C:\Users\admin\Downloads 的目录下。

步骤四:整理指标数据。打开 Excel 表,将看到该表共 3 个工作表,导出的每一个指标的数据分别存放在不同工作表中,如图 8－12 所示。

	企业简称	总资产报酬率
2	宏达股份	-54.78
3	梦舟股份	-25.12
4	株冶集团	-24.39
5	*ST中孚	-10.51
6	宁波富邦	-2.89
7	有研新材	2.92
8	鹏欣资源	3.22
9	中国铝业	3.44
10	宝钛股份	3.96
11	江西铜业	3.99
12	南山铝业	4.01
13	白银有色	4.56
14	北方稀土	4.96
15	怡球资源	5.02
16	诺德股份	5.29
17	鼎胜新材	5.47
18	盛和资源	5.48
19	豫光金铅	5.51
20	贵研铂业	5.84
21	厦门钨业	6.14
22	深圳新星	7.63
23	明泰铝业	7.67
24	博威合金	7.67
25	吉翔股份	7.96
26	众源新材	10.80

行业总资产报酬率排名　行业营业利润率排名　行业净资产收益率排名

图 8－12　导出的 Excel 表

步骤五:分别将 3 个工作表中的数据按"企业简称"列进行升序排序,再将工作表"行

业营业利润率排名"和"行业净资产收益率排名"中的第二列数据复制到第一个工作表中,最后将第一个工作表的名称修改为"聚类分析表",将工作表"行业营业利润率排名"和"行业净资产收益率排名"删除,结果如图8-13所示。

	A	B	C	D	E
1	企业简称	总资产报酬率	营业利润率	净资产收益率	
2	*ST中孚	-10.51	-30.21	-126.19	
3	白银有色	4.56	0.90	2.34	
4	宝钛股份	3.96	5.88	4.64	
5	北方稀土	4.96	5.97	6.28	
6	博威合金	7.67	6.40	9.72	
7	鼎胜新材	5.47	3.45	8.36	
8	贵研铂业	5.84	1.19	8.90	
9	宏达股份	-54.78	-40.74	-120.50	
10	华友钴业	12.38	12.30	20.06	
11	吉翔股份	7.96	0.94	7.98	
12	江西铜业	3.99	1.52	4.93	
13	梦舟股份	-25.12	-24.02	-55.38	
14	明泰铝业	7.67	4.87	8.90	
15	南山铝业	4.01	9.00	3.98	
16	宁波富邦	-2.89	-3.89	-29.51	
17	诺德股份	5.29	7.15	5.90	
18	鹏欣资源	3.22	0.91	3.71	
19	厦门钨业	6.14	5.07	11.06	
20	深圳新星	7.63	13.14	8.86	
21	盛和资源	5.48	5.69	5.24	
22	旭升股份	13.78	31.23	20.32	
23	怡球资源	5.02	2.04	3.79	

聚类分析表

图8-13 整理后的 Excel 表

(二)执行聚类算法任务

使用聚类算法对企业进行智能分组的方法有两种:一种方法是写 Python 代码实现,但这种方法适用于代码基础好的学生;另一种方法是使用教材配套平台中内置的数据挖掘工具,这种方法不需要编程,只需要在工具中设置相关参数即可,因而非常适用代码基础较弱的学生。下面介绍使用数据挖掘工具进行聚类的操作步骤。

步骤一:单击"任务"中"聚类分析"并执行任务,系统跳转到数据挖掘页面。

步骤二:单击"①选择数据源",页面左侧出现选择数据源窗口,单击"上传数据",将前面整理好的"聚类分析表"上传[为方便练习,此处系统内置了"聚类分析原表(1)",可以单击空白框处的向下箭头,直接选择此内置数据源]。

步骤三:上传或选择表之后,单击"保存",数据源设置完毕。

步骤四:单击"②配置模型",页面左侧出现"配置模型"窗口,选择聚类分析下的"K-means"。

步骤五:上传或选择表之后,单击"保存",数据源设置完毕。

步骤六:单击"②配置模型",页面左侧出现"配置模型"窗口,选择聚类分析下的"K-means"。

步骤七:单击"确定",指标选定完毕。

步骤八:确定聚类个数,即确定 K 的值。初始时并不知道分成几类合适,此时可以先

为 K 指定一个范围,如不能多于 10 类;接着利用肘部图来确定 K 值,单击"计算",系统自动显示肘部图。

步骤九:从肘部图中可以看出,分类为 3 比较适宜。在"最佳聚类个数"框中输入"3"。

步骤十:单击"保存",模型配置完毕。

步骤十一:单击"开始建模",系统将在后台执行相关程序,此过程大约需要 2～3 秒,之后弹出"建模成功"。

步骤十二:单击"查看训练结果",系统即可显示聚类样本数、聚类结果、类结果可视化及聚类效果评价指标结果。

三、聚类结果解读

解读聚类结果时,先看 DBI 和轮廓系数,DBI 越接近于 0 越好,轮廓系数越接近于 1 越好。首次聚类 DBI＝0.2554,轮廓系数＝0.8081,聚类效果较好。为了更好地分析,可在积累结果展示的界面中,单击"导出",将聚类结果导出为 Excel 表,进一步观察每一类企业的特征。打开导出后的文件,将导出的 Excel 文件的第一列复制粘贴到当前表的第一列,即为聚类后的数据添加"企业简称"列,接着将此数据表按"分类"列升序排序,形成见表 8－6 所列。

表 8－6　第一次聚类分析结果

企业简称	净资产收益率	营业利润率	总资产报酬率	分类
白银有色	2.34	0.90	4.56	0
宝钛股份	4.64	5.88	3.96	0
北方稀土	6.28	5.97	4.96	0
博威合金	9.72	6.40	7.67	0
鼎胜新材	8.36	3.45	5.47	0
贵研铂业	8.90	1.19	5.84	0
华友钴业	20.06	12.30	12.38	0
吉翔股份	7.98	0.94	7.96	0
江西铜业	4.93	1.52	3.99	0
明泰铝业	8.90	4.87	7.67	0
南山铝业	3.98	9.00	4.01	0
宁波富邦	－29.51	－3.89	－2.89	0
诺德股份	5.90	7.15	5.29	0
鹏欣资源	3.71	0.91	3.22	0
厦门钨业	11.06	5.07	6.14	0

（续表）

企业简称	净资产收益率	营业利润率	总资产报酬率	分类
深圳新星	8.86	13.14	7.63	0
盛和资源	5.24	5.69	5.48	0
旭升股份	20.32	31.23	13.78	0
怡球资源	3.79	2.04	5.02	0
有研新材	2.80	1.94	2.92	0
豫光金铅	3.98	0.84	5.51	0
中国铝业	3.07	1.35	3.44	0
众源新材	10.77	3.29	10.80	0
株冶集团	−3,218.57	−12.80	−24.39	1
*ST 中孚	−126.19	−30.21	−10.51	2
宏达股份	−120.50	−40.74	−54.78	2
梦舟股份	−55.38	−24.02	−25.12	2

从表 8-6 可以看出,株冶集团为 1 类,特点是指标值都为负值,净资产收益率异常低;*ST 中孚、宏达股份、梦舟股份为 2 类,特点是实际值都为负值,净资产收益率在 −50 到 −150;其他公司归为 0 类,指标值大部分为正数。

根据聚类结果可知,若选择投资目标,可以从分类为"0"的公司中选择。但是这一类公司有 23 家,如何从这 23 家中快速挑选出 1～2 家要投资的目标企业呢?答案是对这 23 家企业再次进行聚类。

将分类为 0 的企业数据拷贝出来保存成另一张表格,进行第二次聚类(步骤同第一次聚类,K 值选择 5),聚类结果见表 8-7 所列。

表 8-7 第二次聚类结果表

企业简称	净资产收益率	总资产报酬率	营业利润率	分类
宁波富邦	−29.51	−2.89	−3.89	0
白银有色	2.34	4.56	0.90	1
贵研铂业	8.90	5.84	1.19	1
吉翔股份	7.98	7.96	0.94	1
江西铜业	4.93	3.99	1.52	1
鹏欣资源	3.71	3.22	0.91	1
怡球资源	3.79	5.02	2.04	1
有研新材	2.80	2.92	1.94	1
豫光金铅	3.98	5.51	0.84	1

（续表）

企业简称	净资产收益率	总资产报酬率	营业利润率	分类
中国铝业	3.07	3.44	1.35	1
华友钴业	20.06	12.38	12.30	2
旭升股份	20.32	13.78	31.23	3
宝钛股份	4.64	3.96	5.88	4
北方稀土	6.28	4.96	5.97	4
博威合金	9.72	7.67	6.40	4
鼎胜新材	8.36	5.47	3.45	4
明泰铝业	8.90	7.67	4.87	4
南山铝业	3.98	4.01	9.00	4
诺德股份	5.90	5.29	7.15	4
厦门钨业	11.06	6.14	5.07	4
深圳新星	8.86	7.63	13.14	4
盛和资源	5.24	5.48	5.69	4
众源新材	10.77	10.80	3.29	4

从表8-7可以看出,分类为2和3的企业指标数据表现最为突出,可以考虑把这两个企业作为投资目标企业。注意聚类的分类数值可能每次标注不一样,比如第一类可能标注为0,也可能为1,不影响聚类结果。

第八节　项目测评

在用友分析云上任选一个行业进行分析(行业可从"上交所行业公司分类表"中挑选),对应该选择哪些企业进行投资给出建议和理由,最终形成投资分析报告。

思政园地

作为投资者,分析财务报告不仅是追求经济效益的过程,更是对企业社会责任、诚信经营等价值观的考量。学习者通过学习,不仅要掌握分析技巧,更要培养正确的投资理念和道德观念,在追求投资回报的同时,更应关注企业的可持续发展,推动社会经济健康运行。通过财务报告分析,学习者可以更好地认识企业的价值,为投资者做出决策提供有力支持,同时也为我国资本市场的稳定、高质量发展贡献力量。

第九章　经营者角度的财务报告分析

第九章　经营者角度的财务报告分析

【学习目标】
- 掌握从经营者角度分析盈利能力指标的方法
- 掌握从经营者角度分析偿债能力指标的方法
- 掌握从经营者角度分析营运能力指标的方法
- 掌握从经营者角度分析发展能力指标的方法

第一节　案例导入

一、经营分析背景资料

(一)公司简介

AJHXJL 矿业科技有限公司于 2003 年成立,是一家集矿山采选技术研究、矿产资源勘查、矿山设计、矿山投资开发、矿产品加工与销售于一体的集团化企业,总公司下辖 28 家子公司,拥有矿山 31 个,资源占有量 16.61 亿吨,其中,铁矿资源 8.97 亿吨、钼矿资源 4.9 亿吨、原煤资源 1.3 亿吨、方解石资源 463 万吨、远景储量 1000 万吨、铜矿资源 930 万吨。目前已投产的铁矿山 22 个、煤矿 2 个、钼矿 1 个、方解石矿 1 个、铜矿 1 个。年产铁精粉 550 万吨、钼精粉 15000 吨、铜金属 4200 吨、锌精粉 3000 吨、铅精粉 8000 吨、磷精粉 110 万吨、硫精粉 15 万吨、硫酸 11 万吨、硫酸钾 4 万吨、磷酸氢钙 2 万吨。公司通过自我勘查与合作勘查,在内蒙古、青海、云南、西藏、河北等地拥有铁、铜、煤等资源探矿权。公司现有员工 3200 人,其中,具有博士、硕士学位的有 20 余人,具有学士学位的有 100 余人,各专业技术人才有 1500 人。

(二)企业组织结构

AJHXJL 矿业科技有限公司的组织结构如图 9-1 所示。

二、企业经营分析需求

从盈利能力、偿债能力、运营能力、发展能力四大方面评价企业的经营状况;要求对各项能力进行纵向分析(时间为 2015—2019 年)与横向对比(对比企业为金岭矿业)。通过纵向分析与横向对比找出经营的问题与差距,为下一期的战略规划与预算调整提供数据支持。

企业经营分析需求数据源为 AJHXJL 矿业科技有限公司资产负债表、利润表、现金流量表及相关经营数据表,以及金岭矿业年报、资产负债表、利润表、现金流量表及上证

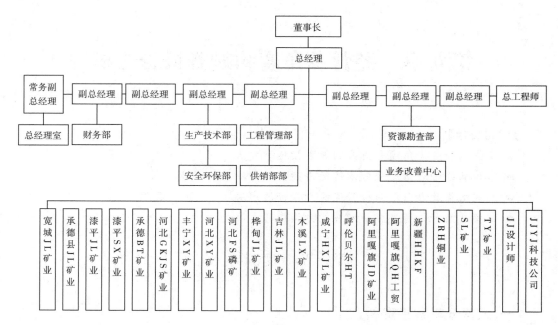

图 9-1　AJHXJL 矿业科技有限公司组织结构图

所上的 XBRL 数据源。

第二节　数据准备

一、案例企业报表数据上传

在用友分析云平台"经营者角度的财务报告分析项目"中,点击"教学应用",在弹出界面中点击"资源下载",点击"资源下载",下载相应的数据表("利润表-AJHXJL""资产负债表-AJHXJL""利润表-金岭矿业""资产负债表-金岭矿业")。

上传案例企业数据源表至用友分析云,在"训练计划"中"经营者角度的财务报告分析"的"数据准备"中,点击"开始任务",进入课程分析云平台。

在用友分析云中,点击左侧"数据准备"界面,再点击"我的数据"列左侧"+"符号,新建文件夹为"经营者角度可视化分析"。

将已经下载的案例企业相关报表"利润表-AJHXJL""资产负债表-AJHXJL""利润表-金岭矿业""资产负债表-金岭矿业"分别上传至文件夹下。

上传数据表操作的具体步骤:"数据准备"→"上传"→"选择文件"→"选择文件夹"→"重命名",最终上传数据表。

二、案例企业数据集成

(一)任务说明

将 AJHXJL 公司和金岭矿业的财务报表进行数据集成。

（二）操作说明

将 AJHXJL 资产负债表和金岭矿业资产负债表进行数据追加，建立资产负债表的追加数据集；将 AJHXJL 的表和金岭矿业的利润表进行数据追加，建立利润表的追加数据集；将两个新增的追加数据集进行数据关联，建立 AJHXJL 和金岭矿业的关联数据集。

（三）操作步骤

在已上传的数据表中，案例企业资产负债表与利润表数据彼此独立存在，形成多个"信息孤岛"，而在后续的分析中需要对案例企业与对比企业的相关财务比率进行可视化分析。例如，"总资产周转率"是用以衡量资产投资规模与销售水平之间配比情况的指标，是常用的衡量企业营运能力的指标，其指标构成既需要利润表项目数据又需要资产负债表项目数据，这也就要求不仅要对某一个单一数据源进行分析，还需要根据实际分析需求对可视化分析中运用的数据表进行关联集成。

本案例中需要集成的数据如下：

（1）将 AJHXJL 公司利润表与 AJHXJL 公司资产负债表数据进行关联，数据准备界面上方新建"关联数据集"，连接方式选择"内连接"，关键字段选择"报表日期"，关联后的数据集命名为"AJ 利润表＋资产负债表合集"，点击"执行"，点击"保存"。

（2）将金岭矿业利润表与金岭矿业资产负债表数据进行关联，数据准备界面上方新建"关联数据集"，连接方式选择"内连接"，关键字段选择"报表日期"，关联后的数据集命名为"金岭利润表＋资产负债表合集"，点击"执行"，点击"保存"。

（3）数据追加操作：将金岭矿业利润表与 AJHXJL 利润表数据进行追加，数据准备界面上方新建"关联数据集"，命名为"AJ 金岭利润表合集"，分别拖入金岭矿业利润表与 AJHXJL 利润表，按同样顺序分别选择所需的相同字段（示例：公司名称、报表日期、营业收入、营业成本、税金及附加、销售费用、管理费用、财务费用、投资收益、营业利润等），注意两表项目上下一致，点击"执行"，点击"保存"。

第三节 企业盈利能力分析

一、盈利能力本期指标

（一）新建盈利能力可视化看板

在用友分析云中，点击"分析设计"，点击"新建文件夹"，输入文件夹名称"经营者财务报告分析"，存放于我的故事板文件夹下。

点击"新建"，新建故事板，故事板命名为"盈利能力维度"，存放于"经营者财务报告分析"文件夹下，如图 9－2 所示。

（二）盈利能力本期指标

盈利能力指标众多，首先关注一个企业基本情况，也就是收入、成本和利润 3 个方面，所以选择从这 3 个方面对 AJHXJL 公司进行分析，指标选择包括营业收入、营业成本、营业利润和息税前利润，时间维度为 2019 年 10 月，如图 9－3 所示。

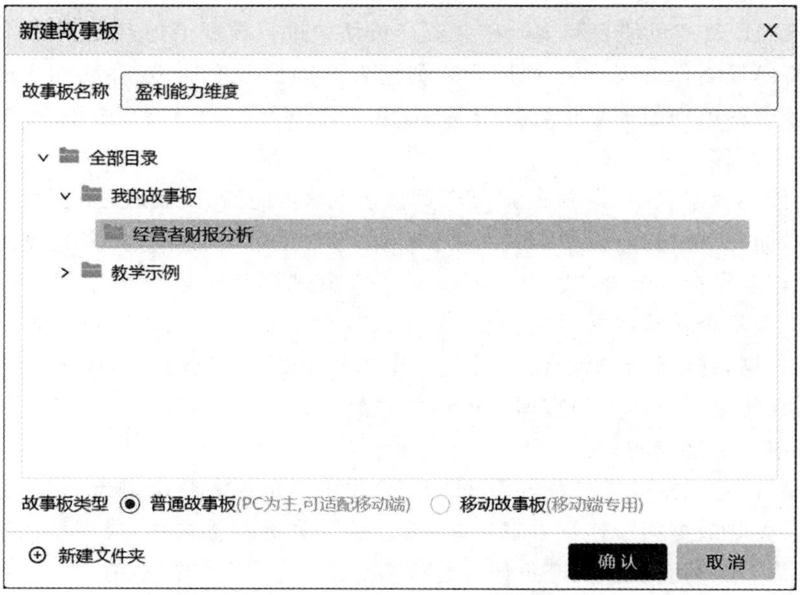

新建故事板   ×

故事板名称   盈利能力维度

∨ 📁 全部目录
  ∨ 📁 我的故事板
      📁 经营者财报分析
  > 📁 教学示例

故事板类型 ● 普通故事板(PC为主,可适配移动端)   ○ 移动故事板(移动端专用)

⊕ 新建文件夹   确认   取消

图 9-2 新建盈利能力维度故事板

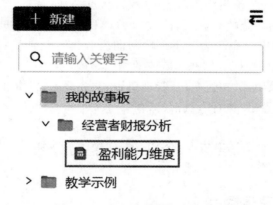

图 9-3 进入盈利能力维度看板

(1)进入新建的盈利能力维度可视化看板后,点击上方"可视化",点击"新建",在我的数据中选择"利润表-AJHXJL",点击确定。

营业收入、营业成本和营业利润是利润表的报表项目,无须设置专门公式,在用友分析云中可直接作为指标使用。但息税前利润需要在用友分析云中新增指标,设置公式计算指标数值。

(2)进入可视化界面后,点击左侧指标栏"+"号。

在弹出界面中输入字段名称为"息税前利润",字段类型选择"数字",表达式涉及报表数据的字段从下方"可选字段"中双击选取,加号在英文输入法下敲击。息税前利润公式:

$$息税前利润（EBIT）＝利润总额＋利息支出$$

注意本案例企业数据中财务费用均为利息支出，利息支出项目用财务费用代替。

（3）将新建的"息税前利润"指标直接拖入左侧指标栏，图形选择"指标卡"。

注意分析时点为"2019年10月"，利润指标衡量的是企业某一时段的经营成果，而所示数据3572407104.22为整个利润表2015—2019年所有息税前利润累积而成的，需要对其进行过滤，将期限周期锁定为2019年前3个季度。

点击可视化界面"过滤"下方"设置"按钮，弹出"添加过滤条件界面"，点击"按条件添加"，设置过滤条件，具体为"年_报表日期"等于"2019"，"季度_报表日期"包含"Q1,Q2,Q3"。

（4）为保持数据直观性，可对数值显示进行调整，调整位置如图9-4所示。

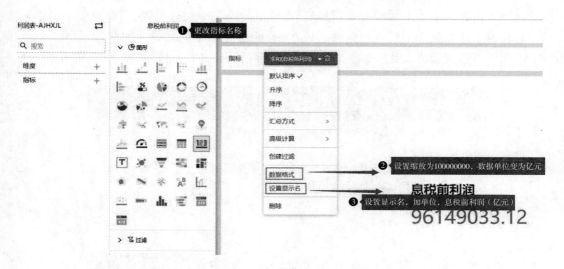

图9-4 显示调整

点击数据格式，设置"缩放率"为"100000000"，"小数位"为2，即可以将96149033.12元调整为0.96亿元，如图9-5所示。

图9-5 缩放设置

点击"设置"显示名，在息税前利润指标后加"（亿元）"单位，如图9-6所示。

点击右上角"保存"，并退出可视化界面。

图9-6　设置单位

（5）点击指标卡左上角的"铅笔"符号，再弹出的项目中选择"复制"，即可复制原指标卡，且保留了原指标卡中的一切数据，只需要替换指标，如将"息税前利润"替换为"营业收入"等即可迅速做出其他指标卡，且不需要再重新设置过滤条件，如图9-7所示。

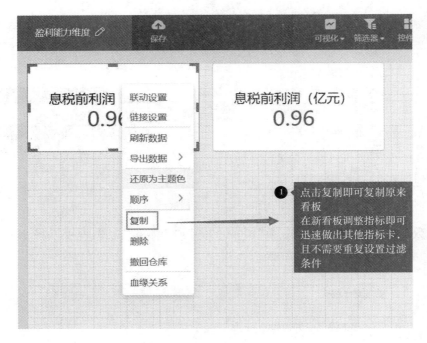

图9-7　复制指标卡

参考上述步骤，可以做出"营业收入、营业成本、营业利润"等指标卡，结果如图9-8所示。

二、同比和环比分析

（一）盈利能力环比分析

除了直观的指标值数据外，还可以对盈利能

营业收入（亿元）17.38	营业成本（亿元）17.20
营业利润（亿元）0.91	息税前利润（亿元）0.96

图9-8　盈利能力本期指标

力四大指标进行同环比分析,从短期趋势等不同角度分析企业的经营情况,操作步骤如下:

(1)在用友分析云盈利能力看板界面,新建可视化,在"我的数据"中选择"利润表-AJHXJL"。

(2)参考前文新建字段步骤,新建息税前利润指标。

(3)将"营业收入""营业成本""营业利润""息税前利润"等指标拖入进来,选择可视化图形为"表格"。

(4)点击某一指标,选择"高级计算",选择"同比/环比"。在弹出的同环比设置选项界面中,日期字段选择"报表日期"中"月",对比类型选择"环比",所选日期为教学中学生操作时点到分析时点的间隔时间长短(示例:若学生操作时间为 2022 年 8 月,要分析 2019 年 9 月的环比数据,2022 年 8 月与 2019 年 9 月之间有 35 个月的时间差,所以所选日期间隔设置为 35),环比间隔设置为"月",计算选择"增长率"。如此设置就使数据源内的 2019 年 9 与 2019 年 8 月的数据进行了环比。

(5)依据上述步骤,分别设置其余指标的环比分析,即可得到结果。

指标仅仅是一个数值,作为一个经营者,应找出指标变化背后的真正原因。环比分析重在反映短期趋势,可以观察到,AJHXJL 矿业的 2019 年 9 月营业收入与营业成本环比上期呈正向小幅增长,增长率也较为接近,而其利润指标却环比下降 80% 以上,由此可以适当推测,利润与营业收入和营业成本在短期内发生反向波动,并非受营业收入与营业成本的影响,而是受期间费用、投资收益等其他损益类指标数据的影响,甚至主业发展对于利润的支持程度都相对弱于其他因素,接下来需要进一步对影响营业利润的其他因素指标进行分析与洞察。

(二)环比分析异常数据溯源洞察

如何进一步对影响营业利润的其他因素指标进行分析与洞察,这里应用用友分析云的趋势线进行直观对比,核心方法就是将各个影响因素纳入同时段的折线图中,直观明了地判断离合趋势。具体操作步骤如下:

(1)在用友分析云盈利能力看板界面,新建"可视化",在"我的数据"中选择"利润表-AJHXJL",可视化命名为"环比洞察"。

(2)将"年_报表日期""月_报表日期"拖入维度轴,将"营业利润"拖入指标列,可视化图形选择"折线图"。

(3)由于环比反映短期趋势,而折线图中数据过多,难以清晰判别,故需设置过滤以及日期排列方式。添加过滤条件,"年_报表日期"等于 2019。

在维度轴,分别点击"年_报表日期""月_报表日期",点击"升序",将相应的日期按升序排列,完成上述操作可以使得横轴日期按顺序直观排列。

(4)将影响营业利润的其余利润表项目分别拖入指标轴,以税金及附加为例,绿色折线为营业利润,黑色折线代表税金及附加,可以看到相较于绿色营业利润折线,黑色折线更为平稳,二者趋势较不吻合,初步判定 2019 年 9 月较 2019 年 8 月,营业利润环比下降并非税金及附加变动所致。

参照税金及附加的操作与观察逻辑,将其余影响因素拖入对比,即可得到结果。由此可以观察到,投资收益折线和营业利润折线在环比波动期呈现出同频下降趋势,可以初步判断 AJHXJL 矿业受投资收益直接影响致使短期内利润下降。

(三)盈利能力同比分析

AJHXJL 矿业的业务涉及铁、煤、铜等多个领域,部分业务如煤矿开采与销售等会受一定季节性因素的影响,同比分析可以一定程度上反映数据长期趋势并规避季节性因素的影响,为确保分析的全面性,需对盈利能力指标进行同比分析,具体操作步骤如下:

(1)在用友分析云盈利能力看板界面,新建可视化,在"我的数据"中选择"利润表-AJHXJL"。

(2)参考前文新建字段步骤,新建息税前利润指标。

(3)将"营业收入""营业成本""营业利润""息税前利润"等指标拖入到指标轴,选择可视化图形为"表格"。

(4)参照环比设置操作说明,在"营业收入"绿色指标中,选中"高级计算",选择"同比/环比"。在弹出的同环比设置选项界面中,日期字段选择"报表日期"中"月",对比类型选择"同比",所以所选日期间隔设置为35,环比间隔设置为"月",计算选择"增长值",间隔为1年,点击"确定"。如此设置就使数据源内的 2019 年 9 月与 2018 年 9 月的数据进行了同比。

(5)参照上述步骤分别设置其余指标的同比分析,即可得到结果。

通过结果可以出现,营业收入与营业成本同向同比增长了 6500 万左右,二者之差 354731.25 元为影响利润指标的因素,而 2019 年 9 月营业利润相较于 2018 年 9 月同比增长了 40743489.66 元,息税前利润增长了 41478684.18 元。由此可以初步推断 2019 年 9 月较 2018 年 9 月营业利润的同比增长并非营收成本因素主导所致,也可能是期间费用、投资收益等其他影响因素导致,需要进一步深入分析与挖掘。

(四)同比分析异常数据溯源洞察

进一步对影响营业利润的其他因素指标进行分析与洞察,具体操作步骤如下:

(1)在用友分析云盈利能力看板界面,新建"可视化",在"我的数据"中选择"利润表-AJHXJL",可视化命名为"同比洞察"。

(2)将"年_报表日期""月_报表日期"拖入维度轴,将"营业利润"拖入指标列,可视化图形选择"折线图"。在维度轴,分别点击"年_报表日期""月_报表日期",点击"升序",将相应的日期按升序排列,完成上述操作可以使得横轴日期按顺序直观排列。

(3)设置过滤为"年_报表日期"包含"2018、2019","月_报表日期"包含"08、09、10、11、12",如图 9 - 9 所示,点击"保存""退出"。

图 9 - 9 过滤设置

（4）将影响营业利润的其余利润表项目分别拖入指标轴，以税金及附加为例，绿色折线为营业利润，黑色折线代表税金及附加，由此可以看到长期以来绿色营业利润折线及黑色投资收益折线波动剧烈，且波动的幅度保持相对一致，而其他报表项目保持相对稳定，可以推断，AJHXJL矿业营业利润长期以来受投资收益波动的直接影响，呈现出不稳定的状态。

综合上述对AJHXJL矿业环比影响因素的分析，可以看出投资收益科目无论短期还是长期均在公司利润表中占据重要地位，AJHXJL矿业经营状况受制于公司的投资决策，盈利缺乏稳定性。

三、横向对比（与同行企业）

（一）指标横向对比

从业务可比性与财务可比性两方面，选取与AJHXJL矿业业务相近、规模相似的金岭矿业作为横向对比企业进行对比分析，具体操作步骤如下：

（1）接续盈利能力可视化看板，在用友分析云"分析设计"界面找到"盈利能力维度"可视化看板，点击"新建"，在"我的数据"中选择已经完成数据追加的"AJ金岭利润表合集"，若没有找到该数据表，请看本章第一节数据准备对于两公司利润表数据追加的操作。

（2）将"公司名称""年_报表日期"拖入维度轴，按升序排列，营业收入项目拖入指标轴，可视化图形选择默认"柱形图"，设置营业收入指标"数据格式"为"缩放100000000倍"至亿元，调整显示名为"营业收入（亿元）"。

（3）将"公司名称"拖入"颜色"栏，可按公司不同设置相应的颜色，让数据得以突出对比显示，点击"保存""退出"。

（4）参照上述步骤，分别设置"营业成本""营业利润""投资收益"等指标的对比柱形图，调整可视化看板，即可得出最终效果。

应用用友分析云分别计算出2015年至2019年5年的营业收入、营业成本、营业利润及投资收益指标，进一步分析AJHXJL矿业与行业内对标公司金岭矿业的各项指标情况，从而判断AJHXJL矿业的财务指标水平是好还是坏。观察营业收入指标可以看出，AJHXJL矿业历年营业收入指标均大幅度高于行业内对标公司金岭矿业。

纵观其5年变化趋势，2016年AJHXJL矿业与金岭矿业的营业收入均小幅度下滑（AJHXJL下滑17%，金岭下滑20%），可见，AJHXJL矿业2016年营业收入下滑的主要原因是受市场环境影响。2017年AJHXJL矿业与金岭矿业的营业收入均大幅攀升（AJHXJL增长76%，金岭增长67%），可见采矿业出现回暖。随后两年，AJHXJL矿业的营业收入虽呈下滑趋势，但都大幅度高于对标企业金岭矿业的营业收入。从营业收入角度看，AJHXJL矿业明显优于金岭矿业。

观察营业成本指标可知，在营业收入增长的同时，营业成本随着增长，但AJHXJL矿业的营业成本增长幅度却大大高于营业收入增长幅度。观察两家公司毛利，可发现AJHXJL矿业5年毛利均在0.02～0.03亿元上下浮动，基本保持稳定不变。对比金岭矿业,5 年毛利总体呈上升趋势,可见金岭矿业加大了对营业成本的控制,而 AJHXJL 矿业在营业成本管控方面需加强管理。

观察营业利润与投资收益指标可知,投资收益只是影响营业利润的一个科目,最终影响营业利润的科目,不仅有投资收益,还有很多损益类科目,例如,营业利润还受公允价值变动损益、资产减值损失、管理费用、财务费用、销售费用、营业收入、营业成本等影响。在本案例中,在营业成本与销、管、财费用均合理浮动下,投资收益对营业利润的影响尤为突出。

2016 年、2018 年与 2019 年 3 年投资收益下滑严重导致营业利润下降,其营业利润过多依赖于投资收益,而不是从主营业务中获利,投资失利对公司整体利润影响较大,AJHXJL 矿业应该及时调整公司战略,减少投资收益对营业利润影响的占比。

第四节　实战演练

一、企业偿债能力分析

(一)偿债能力末期指标

1. 要求

对资产负债率、流动比率、速动比率、现金比率 4 个指标进行分析。

2. 操作步骤

本期偿债能力指标——数据表:AJHXJL-资产负债表。可视化设置步骤如下:

(1)新建计算字段:资产负债率=avg(负债合计 x)/avg(资产总计 x)。

(2)选择维度与指标:

① 维度:无;

② 指标:资产负债率。

(3)添加过滤:年份=2019。

(4)选择显示图形。

复制该看板,做出本期流动比率、速动比率、现金比率的看板。

(二)偿债能力指标行业平均值

1. 要求

使用上市公司 XBRL 数据源计算"采矿业"资产负债率、流动比率、速动比率、现金比率的行业平均值。

2. 操作步骤——偿债能力指标行业对比

数据表:XBRL。可视化设置步骤如下:

(1)新建计算字段:流动比率=avg(流动资产合计 x)/avg(流动负债合计 x)。

(2)选择维度与指标:

① 维度:无;

② 指标:流动比率。

（3）添加过滤：

① 行业＝采矿业；

② 报表类型＝5000；

③ 年份＝2018。

（4）选择显示图形。

复制该看板，做出该行业流动比率、速动比率、现金比率的看板。

（三）数据洞察与溯源

1. 要求

对负债结构（有息负债与无息负债金额与占比）、有息负债构成、无息负债构成、异常指标数据进行洞察与溯源。

2. 操作步骤

（1）本期负债结构：

数据表：AJHXJL-资产负债表。可视化设置步骤如下：

① 新建计算字段：

1）有息负债＝sum（短期借款＋应付票据＋长期借款）；

2）无息负债＝sum（应付账款＋预收款项＋应付职工薪酬＋应交税费＋应付利息＋应付股利＋其他应付款）。

② 选择维度与指标：

1）维度：无；

2）指标：有息负债、无息负债。

③ 添加过滤：年份＝2019。

④ 选择显示图形。

（2）有息负债结构：

数据表：AJHXJL-资产负债表。可视化设置步骤如下：

① 选择维度与指标：

1）维度：无；

2）指标：短期借款、应付票据、长期借款。

② 添加过滤：年份＝2019。

③ 选择显示图形。

（3）无息负债结构：

数据表：AJHXJL-资产负债表。可视化设置步骤如下：

① 选择维度与指标：

1）维度：无；

2）指标：应付账款、预收款项、应付职工薪酬、应交税费、应付利息、应付股利、其他应付款。

② 添加过滤：年份＝2019。

③ 选择显示图形。

(4)现金比率纵向分析：

① 复制现金比率看板。

② 选择维度与指标：

1)维度：年；

2)指标：现金比率。

③ 删除过滤条件。

④ 选择显示图形。

(5)现金比率影响因素分析：

数据表：AJHXJL-资产负债表。可视化设置步骤如下：

① 选择维度与指标：

1)维度：年；

2)指标：货币资金、负债合计。

② 添加过滤：无。

③ 选择显示图形(建议图形：表格)。

【思考】 公司现金比率较低，原因是什么，低现金比率能否保证公司每月必须支付项目按期支付，比如公司每月工资能否正常发放，税款能否及时缴纳。

(四)偿债能力看板设计

参照上述操作完成看板设计。

二、企业营运能力分析

(一)营运能力指标分析

1. 要求

对本期应收账款周转天数、存货周转天数、流动资产周转天数、总资产周转天数进行分析。

2. 操作步骤

(1)应收账款周转天数本期数：

数据表：AJ 资产负债＋利润合集。可视化设置步骤如下：

(注意：该数据表需要新建数据集，将 AJ 公司资产负债表和利润表建立关联。)

① 新建计算字段：应收账款周转天数＝365 * avg(应收账款)/sum(营业收入)。

② 选择维度与指标：

1)维度：无；

2)指标：应收账款周转天数。

③ 添加过滤：年＝2019。

④ 选择显示图形。

(2)存货周转天数本期数：

数据表：AJ 资产负债＋利润合集。可视化设置步骤如下：

① 新建计算字段:存货周转天数=365*avg(存货)/sum(营业成本)。

② 选择维度与指标:

1)维度:无;

2)指标:存货周转天数。

③ 添加过滤:年=2019。

④ 选择显示图形(建议显示图形:指标卡)。

(3)流动资产周转天数本期数:

数据表:AJ 资产负债+利润合集。可视化设置步骤如下:

① 新建计算字段:流动资产周转天数=365*avg(流动资产总计)/sum(营业收入)。

② 选择维度与指标:

1)维度:无;

2)指标:流动资产周转天数。

③ 添加过滤:年=2019。

④ 选择显示图形(建议显示图形:指标卡)。

(4)总资产周转天数本期数:

数据表:AJ 资产负债+利润合集。可视化设置步骤如下:

① 建立利润表和资产负债表的关联数据集。

② 新建计算字段:总资产周转天数=365*avg(资产总计)/sum(营业收入)。

③ 选择维度与指标:

1)维度:无;

2)指标:总资产周转天数。

④ 添加过滤:年=2019。

⑤ 选择显示图形。

(二)指标横向对比(同行企业)

1. 要求

将分析指标进行横向对比(对比企业:金岭矿业),具体指标包括应收账款周转天数、存货周转天数、流动资产周转天数、总资产周转天数。

2. 操作步骤——周转天数横向对比—金岭矿业

数据表:金岭资产负债+利润合集。可视化设置步骤如下:

(提示:需要先将金岭矿业资产负债表和利润表进行关联。)

(1)新建计算字段:

① 总资产周转天数=365*avg(资产总计)/sum(营业收入);

② 流动资产周转天数=365*avg(流动资产总计)/sum(营业收入);

③ 应收账款周转天数=365*avg(应收账款)/sum(营业收入);

④ 存货周转天数=365*avg(存货)/sum(营业成本)。

(2)选择维度与指标:

① 维度:无;

② 指标：应收账款周转天数。

（3）添加过滤：年＝2019。

（4）选择显示图形。

将该看板复制，分别修改为显示存货周转天数、流动资产周转天数、总资产周转天数的看板。

（三）数据洞察与溯源

1．要求

指标纵向分析与指标数据异常洞察。

2．操作步骤

（1）周转天数纵向对比－5年趋势图：

① 看板名称：应收账款周转天数历年趋势。

② 将"应收账款周转天数本期数"的看板复制。

③ 选择维度与指标：

1）维度：年；

2）指标：应收账款周转天数。

④ 选择显示图形。

同样的方法，做出存货周转天数历年趋势、流动资产周转天数历年趋势、总资产周转天数历年趋势的看板。

（2）周转天数下降原因洞察：

数据表：AJ资产负债＋利润合集。可视化设置步骤如下：

① 选择维度与指标：

1）维度：无；

2）指标：应收账款、资产总计、流动资产合计、非流动资产合计、营业收入。

② 将以上指标按年作2019年与2018年同比分析。

③ 选择显示图形。

（3）非流动资产大幅下降原因洞察：

数据表：AJ资产负债＋利润合集。可视化设置步骤同上，其中，选择维度与指标要求分维度为年和指标为非流动资产。

三、企业发展能力分析

（一）发展能力指标分析

1．要求

反映营业收入、营业利润、利润总额、资产、所有者权益的本期增长情况。

2．操作步骤

（1）营业收入增长率与增长额：

数据表：AJ资产负债＋利润合集。可视化设置步骤如下：

① 选择维度与指标：

1）维度：无；

2）指标：营业收入（求和）。

② 同比设置：

按年同比，2019 年同比 2018 年，计算增长率和增长额。

③ 选择显示图形。

（2）营业利润增长率与增长额：

数据表：AJ 资产负债＋利润合集。可视化设置步骤如下：

① 选择维度与指标：

1）维度：无；

2）指标：营业利润（求和）。

② 同比设置：

按年同比，2019 年同比 2018 年，计算增长率和增长额。

③ 选择显示图形。

（3）利润总额增长率与增长额：

数据表：AJ 资产负债＋利润合集。可视化设置步骤如下：

① 选择维度与指标：

1）维度：无；

2）指标：利润总额（求和）。

② 同比设置：

按年同比，2019 年同比 2018 年，计算增长率和增长额。

③ 选择显示图形。

（4）总资产增长率与增长额：

数据表：AJ 资产负债＋利润合集。可视化设置步骤如下：

① 选择维度与指标：

1）维度：无；

2）指标：总资产（平均值）。

② 同比设置：

按年同比，2019 年同比 2018 年，计算增长率和增长额。

③ 选择显示图形。

（5）所有者权益增长率与增长额：

数据表：AJ 资产负债＋利润合集。可视化设置步骤如下：

① 选择维度与指标：

1）维度：无；

2）指标：所有者权益（平均值）。

② 同比设置：

按年同比，2019 年同比 2018 年，计算增长率和增长额。

（二）数据洞察

1. 要求

洞察营业利润下降原因和所有者权益下降原因。

2. 操作步骤

（1）营业利润下降原因洞察：

数据表：AJ 资产负债＋利润合集。可视化设置步骤同上，其中，选择维度为年与营业利润（求和）指标。

【思考】 影响营业利润的因素有哪些，将这些因素选为指标，观察哪些因素变化和营业利润变化契合。

（2）所有者权益下降原因洞察：

数据表：AJ 资产负债＋利润合集。可视化设置步骤同上，其中，选择维度为年与所有者权益（求和）。

【思考】 影响所有者因素有哪些，将这些因素选为指标，观察哪些因素变化和所有者权益变化契合。

（三）横向对比

1. 要求

对比企业（金岭矿业）指标分析，指标包括营业收入、营业利润、利润总额、资产、所有者权益本期增长情况。

2. 操作步骤——营业收入增长率与增长额

数据表：金岭资产负债＋利润合集。可视化设置步骤如下：

（备注：该数据表是金岭资产负债表和利润表建立关联后的表。）

（1）选择维度与指标：

① 维度：无；

② 指标：营业收入。

（2）同比设置：

按年同比，2019 年同比 2018 年，计算增长率。

（3）选择显示图形。

同上，做出营业利润、利润总额、资产总计、所有者权益本期增长情况。

第五节 项目测评

在用友分析云上全面评价本章案例企业的经营状况，判断企业管理的问题所在，给出管理建议，最终形成公司财务状况综合分析报告。

 思政园地

经营者角度的财务报告分析深入探究了如何站在经营者的立场，全面解析企业的盈

利能力、偿债能力、营运能力和发展能力。这不仅是对财务知识的运用,更是对经营者责任与担当的深刻体现。经营者要以高度的责任感和使命感,科学分析财务报告,为企业的发展提供有力支撑;也要注重企业的社会责任,坚守诚信底线,推动企业的可持续发展。通过学习,学习者要树立正确的经营理念,以经营者的视角,发现企业的优势和不足,为企业长远发展贡献智慧。在这个过程中,学习者不仅要提升专业能力,更要将个人发展与国家发展、社会进步紧密结合起来,为实现中华民族伟大复兴的中国梦贡献自己的力量。

第十章　资金分析与预测

【学习目标】
● 理解不同资金的概念
● 掌握资金来源分析
● 掌握债务分析与预警
● 掌握资金流的预测

第一节　案例引入与前导知识

一、案例引入

(一)案例背景

2019 年 10 月 8 日,AJHXJL 公司召开业务经营分析会,要求财务总监对公司的资金状况进行专项分析,从而全面深入了解公司的资金状况,为经营决策提供数据支撑。

(二)任务目标

财务总监从资金存量、资金来源、债务 3 个角度对企业资金进行数据分析,洞察数据背后的含义,溯源分析指标增减比率的合理性与异常项,为管理层提供决策支持和重要事项预警提示。

(三)任务实现

为了实现上述任务目标,需要完成以下 5 个步骤:

步骤一:确认资金分析的目标。

步骤二:根据分析目标确定相关指标。

步骤三:根据指标收集相关数据。

步骤四:在用友分析云中进行指标计算。

步骤五:指标解读与分析。

二、前导知识

(一)资金存量分析

1. 资金的概念

现金通常指本公司库存现金及可以随时用于支付的存款。在资产负债表中并入货币资金,列示为流动资产,但应注意具有专门用途的现金只能作为投资项目等列为非流动资产。

货币资金是资产负债表的一个流动资产项目,包括库存现金、银行存款和其他货币资金。但应该特别注意的是,不能随时可支取使用的资金(如银行承兑汇票保证金、银行冻结存款等),均不能视为货币资金。

现金等价物一般指本公司持有的期限短、流动性强、易于转换为已知金额的现金、价值变动风险很小的投资(通常投资日起三个月到期的国库券、商业本票、货币市场基金、可转让定期存单、商业本票及银行承兑汇票等皆可列为现金等价物)。现金等价物不是现金,但企业为了不使现金闲置,通常购买短期债券,当需要现金时,可以变现。

2. 受限资金

受限货币资金主要指的是保证金、不能随时用于支付的存款(如定期存款)、在法律上被质押或者以其他方式设置了担保权利的货币资金。

受限资金的来源主要是各种保证金存款,在要求银行开具承兑汇票或其他票据时所支付的保证金,在票据到期之前还是存在于保证金账户,可以在银行保证金账户中查到,期末也要在报表中体现,但是使用受到限制(所以叫受限资金),在开具的票据到期后自动用该部分保证金支付对价。

受限资金不可随意使用,在分析资金存量时要重点关注。银行承兑汇票保证金是指企业向开户行申请办理银行承兑汇票业务时,作为银行承兑汇票的出票人按照自身在开户行(承兑行)信用等级的不同所需缴纳的保证银行承兑汇票到期承付的资金。《中华人民共和国票据法》和《支付结算办法》对于银行承兑汇票有着严格的使用限制,要求银行承兑汇票的出票人为在承兑银行开立存款账户的法人及其他组织,与承兑银行具有真实的委托付款关系,具有支付汇票金额的可靠资金来源。所以,我国银行业在开具银行承兑汇票的实际操作中,都要求出票人提供一定数额的保证金,一般与银行承兑的数额相一致,如果出票人在该银行享有信用贷款,则可以少于银行承兑的数额。银行承兑汇票出票人在开具银行承兑汇票前存于承兑银行的保证金,在本质上属于动产质押的范畴,承兑银行享有优先受偿权。

3. 现金及现金等价物

现金及现金等价物余额由"现金"(即企业库存现金及可以随时用于支付的存款)和"现金等价物"(即流动性很强的短期投资资产,如三个月内到期的国库券、商业本票等)构成,主要为非受限的货币资金,更能反映资金的流动性。我们可通过"现金及现金等价物余额/货币资金"来判断货币资金的受限程度;在判断企业短期偿债能力,亦可使用现金及现金等价物余额与其短期债务做比照。

4. 资金指标分析

资金指标分析是企业财务分析的重要组成部分,指通过对一系列与资金相关的财务数据进行计算和比较,来评估企业的资金状况、流动性、偿债能力及资金使用效率,具体指标及含义见表10－1所列。

表 10 - 1　资金指标分析一览表

指标	公式	指标含义	指标较高	指标较低
N1	库存现金＋银行存款＋其他货币资金	公司货币资金储备，反映公司直接支付的能力		
N2	N1＋交易性金融资产＋应收票据	公司货币资金储备，反映公司直接支付的能力		
N1占总资产比重	N1/总资产	资金使用效率	可能说明资金使用效率低	可能导致支付风险
N2占总资产比重	N2/总资产	资金使用效率	可能说明资金使用效率低	可能导致支付风险
货币资金与流动负债的比率	N1/流动负债	反映现时直接偿债能力	偿债能力强	支付、偿债风险高
可用资金与流动负债的比率	N2/流动负债	反映企业直接偿债能力，部分货币性资金可能需一定时间转化才能使用	偿债能力强	支付、偿债风险高

（二）资金来源分析

在财务分析和企业运营中，资金来源分析是一个关键部分。企业资金来源主要有3个渠道，分别为经营活动、投资活动和筹资活动。这3个渠道产生的现金流分别被称为经营活动产生的现金流（CFO）、投资活动产生的现金流（CFI）和筹资活动产生的现金流（CFF）。

1. 经营活动产生的现金流（CFO）

经营活动产生的现金流是指企业通过日常运营活动所获得的现金流入和流出，主要包括销售商品或提供服务所获得的现金收入、购买原材料或支付员工工资等运营成本所产生的现金支出。CFO反映了企业日常运营活动的盈利能力和现金管理效率。

（1）CFO的流入

CFO的流入主要包括销售商品、提供劳务收到的现金，收到的税费返还，以及收到的其他与经营活动有关的现金。

（2）CFO的流出

CFO的流出主要包括购买商品、接受劳务支付的现金，支付给职工及为职工支付的现金，支付的各项税费，以及支付的其他与经营活动有关现金。

2. 投资活动产生的现金流（CFI）

投资活动产生的现金流涉及企业长期和短期投资所产生的现金流入和流出，包括购买或出售固定资产、无形资产和其他长期资产，以及进行股权或债权投资等活动。CFI反映了企业投资策略、资本支出和投资回报情况。

（1）CFI的流入

CFI的流入主要包括收到投资收到的现金，取得投资收益收到的现金，处置固定资产、无形资产和其他长期资产收到的现金净额,处置子公司及其他营业单位收到的现金净额,以及收到的其他与投资活动有关的现金。

(2)CFI 的流出

CFI 的流出主要包括构建固定资产、无形资产和其他长期资产支付的现金,投资支付的现金,取得子公司及其他营业单位而支付的现金净额,以及支付的其他与投资活动有关的现金。

3. 筹资活动产生的现金流(CFF)

筹资活动产生的现金流涉及企业通过发行股票、债券、借款等方式筹集资金所产生的现金流入和流出。CFF 反映了企业的融资能力、债务偿还情况和资本结构。

(1)CFF 的流入

CFF 的流入主要包括吸收投资收到的现金,取得借款收到的现金,以及收到其他与筹资活动有关的现金。

(2)CFF 的流出

CFF 的流出主要包括偿还债务支付的现金,分配股利、利润或偿付利息支付的现金,以及支付其他与筹资活动有关的现金。

这 3 个来源的现金流共同构成了企业现金流量表,反映了企业财务状况、运营效率和资金运作情况。通过深入分析这 3 个方面的现金流,投资者和债权人可以更好地了解企业财务状况,评估其偿债能力和未来发展趋势。

4. 资金来源结构

企业的资金来源结构反映了企业如何筹集和使用资金,是评估企业财务状况、运营效率和未来发展潜力的重要指标。资金来源结构通常受企业经营状况、市场环境、发展阶段和战略规划等多种因素影响,具体的资金来源结构分析见表 10 - 2、表 10 - 3、表 10 - 4 所列。

表 10 - 2　经营现金流为正时资金来源结构分析

经营现金流	投资现金流	筹资现金流	企业经营分析
+	+	+	经营和投资收益状况较好,这时仍可以进行融资,通过找寻新的投资机会,避免资金闲置性浪费。
	+	−	经营和投资活动处于良性循环,筹资活动虽然进入偿还期,但财务状况仍比较安全。
	−	+	经营状况良好。在内部经营稳定进行的前提下,通过筹集资金进行投资,往往处于扩展时期,应着重分析投资项目的盈利能力。
	−	−	经营状况良好。一方面在偿还以前债务,另一方面又要继续投资,应关注经营状况的变化,防止经营状况恶化导致整个财务状况恶化。

表 10 - 3　经营现金流为负时资金来源结构分析

经营现金流	投资现金流	筹资现金流	企业经营分析
－	＋	＋	通过举债维持生产经营。财务状况可能恶化,应着重分析投资活动现金流是来自投资收益还是收回投资,如果是后者,则形势严峻。
	＋	－	经营活动已经发出危险信号,如果投资活动现金收入主要来自收回投资,则已经处于破产边缘,应高度警惕。
	－	＋	通过举债维持日常经营和生产规模的扩大,财务状况很不稳定。假如是处于投产期的企业,一旦渡过难关,还可能有发展;如果是成长期或稳定期的企业,则非常危险。
	－	－	财务状况非常危险,这种情况往往发生在高速扩展时期,由于市场变化导致经营状况恶化,加上扩展时投入了大量资金,企业陷入困境。

表 10 - 4　企业发展各阶段资金来源结构分析

企业发展阶段	资金来源结构	企业经营分析
初创期	经营活动现金净流量为负数 投资活动现金净流量为负数 筹资活动现金净流量为正数	借款人需要投入大量资金形成生产能力和开拓市场,其资金来源只有举债、融资等筹资活动。
发展期	经营活动现金净流量为正数 投资活动现金净流量为负数 筹资活动现金净流量为正数	经营活动中大量现金回笼,为扩大市场份额,借款人仍需追加投资,仅靠经营活动现金流量净额可能无法满足投资,须筹集必要的外部资金作为补充。
成熟期	经营活动现金净流量为正数 投资活动现金净流量为正数 筹资活动现金净流量为负数	销售市场稳定,已进入投资回收期,但很多外部资金需要偿还。
衰退期	经营活动现金净流量为负数 投资活动现金净流量为正数 筹资活动现金净流量为负数	市场萎缩、占有率下降,经营活动现金流入小于流出,同时借款人为了应付债务不得不大规模收回投资以弥补现金不足。

5. 自由现金流

自由现金流(Free Cash Flow,FCF)作为一种企业价值评估的新概念、理论、方法和体系,最早由美国西北大学拉巴波特、哈佛大学詹森等学者于 20 世纪 80 年代提出,经历 40 多年的发展,特别在以美国安然、世通等为代表的之前在财务报告中利润指标完美无瑕的所谓绩优公司纷纷破产后,已成为企业价值评估领域使用最广泛、理论最健全的指标,美国证券交易委员会更是要求公司年报中必须披露这一指标,具体可以表达为:

FCF(自由现金流量)＝EBIT(息税前利润)－Taxation(税款)＋Depreciation &

Amortization(折旧和摊销)—Changes in Working Capital(营运资本变动)—Capital ex-penditure(资本支出)

(三)债务分析与预警

1. 公司债务构成

公司债务是指公司为了经营、扩张或其他目的所承担的借款和应付款项。债务构成对于公司财务健康、资金流动性及战略规划都至关重要。公司债务构成主要包括短期借款、应付项目和长期债务三大部分,如图 10－1 所示。

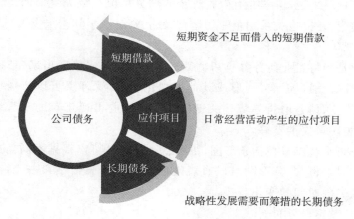

图 10－1　公司债务构成

(1)短期借款

短期借款是公司为了弥补短期资金不足而从金融机构、其他企业或个人处借入的款项。这些借款通常具有较短的还款期限,一般在一年以内。短期借款利率相对较低,但由于还款期限短,公司需要确保在借款期限内有足够的现金流来偿还这些债务。否则,公司可能面临违约风险,导致信用受损、罚息或更高的借款成本。

短期借款用途多样,包括补充营运资金、支付应付账款、购买原材料或满足其他短期资金需求。在管理短期借款时,公司须密切关注现金流状况,确保及时还款并维护良好的信用记录。

(2)应付项目

应付项目是公司在日常经营活动中产生的应付款项,包括应付账款、应付工资、应付税费等。这些款项通常是公司购买商品或服务、雇佣员工或缴纳税费等而产生的。应付项目的支付期限相对较短,一般在几个月内需要结清。

应付项目管理对于公司现金流和信用状况至关重要。如果公司无法按时支付应付项目,可能会影响与供应商的关系、导致员工不满或面临税务部门的处罚。因此,公司需要合理安排资金流,确保及时支付应付项目,维护良好的商业信誉。

(3)长期债务

长期债务是公司为了支持战略性发展、扩大规模或进行长期投资而从金融机构、债券市场或其他渠道借入的款项。这些借款通常具有较长的还款期限,一般在一年以上,甚至可能长达数年或数十年。长期债务利率相对较高,但由于还款期限较长,公司可以有更多的时间来筹集资金并安排还款计划。

长期债务的用途通常与公司长期战略规划相关,包括扩大生产能力、开发新产品、进入新市场或进行其他长期投资。在管理长期债务时,公司需要关注债务结构、利率风险和还款能力等因素,确保债务规模与公司盈利能力和现金流状况相匹配。同时,公司还需要密切关注市场动态和利率变化,以便及时调整债务策略并降低财务风险。

2. 管理层关心的债务情况

对于企业管理层来说,了解并有效管理企业债务情况是至关重要的。债务不仅关系到企业的财务健康,还直接关系到企业的运营策略、资金成本和未来发展。

(1)债务可视化

债务可视化是指将企业债务数据以直观、易理解的方式呈现出来,帮助管理层快速把握企业债务状况。通过图表、图形或其他可视化工具,管理层可以清晰地看到企业总债务、各类债务占比、债务增长趋势等关键信息。这样的可视化有助于管理层迅速识别潜在的风险点,为决策提供支持。

常见的债务可视化工具包括条形图、饼图、折线图等,可以根据不同需求和数据特点选择使用这些工具。例如,条形图可以直观地展示各类债务金额和占比,而折线图则可以清晰地展现债务随时间的变化趋势。

(2)了解未还款银行分布

了解未还款银行分布是管理层在债务管理中的重要一环。它包括了解哪些银行是企业的主要债务来源、每家银行未还款金额是多少,以及这些未还款的到期日等。这样的信息有助于管理层评估企业偿债能力和与银行的合作关系,还可以帮助管理层制定针对性还款计划和策略。

为了有效管理未还款银行分布,管理层可以建立相应数据库或信息系统,定期更新和监控各银行未还款情况。同时,与银行进行沟通和协商也是必不可少的,以确保双方合作顺畅,维护企业的信用和声誉。

(3)了解未还款项时间分布

了解未还款项时间分布可以帮助管理层掌握企业债务偿还节奏和资金流动性。它包括了解哪些债务到期日较近、哪些债务还款期限较长,以及各时间段内未还款金额等。这样的信息有助于管理层合理安排资金,确保按时偿还债务,避免违约风险。

为了有效管理未还款项时间分布,管理层可以制订详细的还款计划,明确各债务还款时间和金额。同时,加强资金管理和调度,确保在还款日到期时有足够的资金进行偿还。此外,与债权人进行沟通和协商也是非常重要的,以确保在必要时能够获得展期或续贷等支持。

通过有效的债务管理,管理层可以确保企业财务健康和稳定运营,为企业的长远发展提供有力保障。

3. 贷款时机的选择

贷款时机的选择对于任何企业来说都是至关重要的,直接关系到企业的运营效率、资金成本及财务风险。在考虑贷款时机时,企业需要综合考量多个因素,包括大额贷款资金的使用监控和融资方式的选择等。

(1)大额贷款资金的使用监控

当企业决定申请大额贷款时,如何有效地监控这些资金的使用就显得尤为重要。大额贷款资金的使用监控不仅有助于确保资金的安全性和合规性,还能帮助企业提高资金使用效率,从而实现更好的经济效益。

为了有效地监控大额贷款资金的使用,企业可以采取以下措施:

① 设立专门账户

为大额贷款资金设立专门的账户,确保资金专款专用,避免与其他资金混淆。

② 制订详细的使用计划

在贷款发放前,企业应制订详细的资金使用计划,明确资金具体用途、使用时间和预期收益等。

③ 定期审计和报告

定期对大额贷款资金的使用情况进行审计,并向管理层报告审计结果,确保资金按照计划使用。

④ 建立风险预警机制

通过对大额贷款资金使用的实时监控,建立风险预警机制,及时发现并应对潜在的风险和问题。

(2)融资方式的选择

融资方式的选择对于贷款时机的确定同样具有重要意义。不同的融资方式具有不同的特点、优势和风险,企业需要根据自身实际情况和需求来选择合适的融资方式。

① 银行贷款

银行贷款是企业最常见的融资方式之一,具有资金来源稳定、利率较低等优势,但通常需要提供抵押或担保,且审批流程较长。

② 债券发行

通过发行债券筹集资金,可以扩大企业资金来源,降低财务风险,但债券发行通常需要满足一定条件,如企业信用评级、偿债能力等。

③ 股权融资

股权融资可以为企业提供长期、稳定的资金来源,但可能会稀释企业的股权结构,增加企业的管理成本和决策复杂性。

④ 其他融资方式

其他融资方式包括商业保理、供应链金融等新型融资方式,这些方式通常具有灵活性高、审批流程快等优势,但可能存在较高的资金成本和风险。

在选择融资方式时,企业应综合考虑自身的财务状况、资金需求、还款能力、市场环境等因素,选择最适合自身的融资方式。同时,企业还应关注不同融资方式的成本和风险,确保在贷款时机和融资方式的选择上达到最优平衡。

第二节　资金存量分析

一、分析前准备

（一）数据源说明

数据源为 AJHXJL 公司 ERP 系统中财务模块和资金模块的数据，该数据直接从 ERP 系统中导出，经过格式转换，已上传内置在用友分析云中，所有需要使用到的数据源都从预置数据源中调用。

（二）确认分析目标

首先要了解该公司目前的资金状况，因公司货币资金储备最能反映公司直接支付的能力，所以选取的指标分析应围绕货币资金进行。同时，也应了解 AJ 集团资金使用效率情况，从而判断是否会有支付风险的发生。每月资金流入与流出也是分析的重点。资金流入、流出是否存在时间差，有没有形成资金沉淀，有资金沉淀是否及时购买银行理财产品去创造效益等问题，都是所要重点关注的内容。

（三）确认分析指标

根据分析目标，选择分析的指标分别是集团资金存量 N1、集团资金存量 N2、各机构资金存量、其他货币资金明细构成、保证金占用分析、保证金与应付票据比率分析、银行存款流入流出对比等。这些指标计算能够准确地反映出想要了解的信息。

收集相关数据确定指标之后，根据分析指标去收集相关数据。有些数据在财务报表中，如现金流量表；有些数据在业务系统中，如分析其他货币资金明细构成，需要查询其他货币资金的明细账；而银行存款的流入流出分析则需要到资金管理模块查看银行存款的每日明细。这些数据资料大部分是在企业 ERP 系统中，现已将这些数据从 ERP 系统导出，上传至用友分析云，在分析指标时直接选择相应的数据表即可。在实际业务中，这项收集数据的工作是在进行数据分析前必须做的关键工作。

二、分析任务操作

（一）资金存量指标

1. 任务内容

分析的指标为集团资金存量 N1 和集团资金存量 N2；显示集团各机构资金存量，点击某一机构能穿透查询其资金结构。

2. 操作步骤

（1）集团资金存量 N1

① 新建故事板：

进入用友分析云，单击"分析设计"中"新建"，选择"新建故事板"，将其命名为"资金存量分析"，选择存放目录，存放在"我的故事板"下，故事板类型选择"普通故事板"，单击"确认"。

② 新建可视化：

单击"可视化"中"新建"，在"选择数据集"界面单击"数据集"，在"财务大数据-资金分析"文件夹中选择需要用的数据表"资金分析 N1-各机构（2019 年 9 月份）"，单击"确定"；将可视化命名为"集团资金存量 N1"。

③ 设置维度与指标：

在"期末余额"中的"指标"选择"求和（期末余额）"。

④ 设置图形：

选择"显示图形"中"指标卡"，集团资金存量 N1 可视化操作完成，单击"保存"。

⑤ 了解 N1 指标构成：

单击可视化页签"＋"，新建"集团资金存量 N1-明细"可视化图，设置维度为"科目名称"，指标为"期末余额"，图形可选择饼图或条形图。

⑥ 单击"全部保存"后选择"退出"，集团资金存量 N1 指标及构成计算完毕并保存。

（2）集团资金存量 N2

操作步骤同上，可使用不同图形，计算出集团资金存量 N2 及构成。

（3）各机构资金存量

了解 AJ 集团内部各机构资金存量情况，操作步骤基本与 N1 的操作步骤相同，但这里需要在维度里添加一个层级，可以直接从 AJ 集团数据中穿透到各机构资金存量。

下面介绍设置穿透操作，具体操作步骤如下：

① 选择数据表为"资金分析 N2-各机构（2019 年 9 月份）"。

② 将可视化命名为"各机构资金存量"。

③ 添加钻取层级：

当需要添加新的维度层级时，单击维度右侧"＋"中"层级"，进行钻取层级设置；层级名称设置为"各机构资金期末余额"，钻取路径选择"科目名称"和"机构名称"，单击"向右箭头"后点击"确定"，要注意钻取层级路径的顺序。

④ 选择维度、指标和显示图形：

维度选择层级"各机构期末余额"，指标选择"期末余额"。

⑤ 选择穿透的资金结构显示图形，单击图形的柱状条，进入钻取层级，选择图形样式即可。

⑥ 单击"保存"后选择"退出"，在用友分析云可视化看板上查看各指标可视化图形。

那么，大额银行承兑保证金占比是否合理？AJHXJL 公司对资金效率管理是否有改善？这还需进一步对 AJHXJL 公司历年银行承兑汇票保证金情况进行分析。

3. 指标解读

从分析中可看出，AJ 集团资金存量 N1（银行存款＋其他货币资金＋库存现金）为 6.18 亿元，其中，银行存款为 4.6 亿元，占 N1 比重的 74.43%；而从资金存量 N2（N1＋交易性金融资产＋应收票据）的分析中可以看出，应收票据为 0.34 亿元，占 5.21%。从指标数据来看，该集团资金存量充足。AJHXJL 公司资金存量为 1.1 亿元，占 AJ 集团的 16.87%。AJHXJL 公司资金存量由哪些科目构成呢？通过钻取层级，可以清楚地看到

AJHXJL公司资金是由其他货币资金（63.63%）、银行存款（36.27%）及库存现金（0.13%）构成。为什么其他货币资金占比较大？其他货币资金是由哪些科目构成的？接下来要做进一步分析。

通过用友分析云计算，了解到AJHXJL公司的1.1亿元资金存量中有0.7亿元是其他货币资金，占AJHXJL公司资金存量的63.61%。而其他货币资金全部来自银行承兑保证金，该资金属于受限资金，流动性差，无法支持AJHXJL公司日常运营。

（1）其他货币资金构成情况分析

具体操作步骤如下：

① 新建其他货币资金构成可视化：

单击"可视化"中"新建"，选择数据集"财务大数据-资金分析-资金分析-北京华夏其他货币资金构成（2019年9月）"，单击"确定"，将可视化命名为"其他货币资金明细构成"。

② 设置维度与指标：

选择显示图形拖拽"科目名称"到维度、"期末余额"到指标，选择显示图形。

③ 单击"保存"选择"退出"，其他货币资金明细可视化操作完成。

该公司其他货币资金全部由银行承兑保证金构成，这就需要进一步对保证金历史占比情况进行分析。

（2）保证金占比分析

收集AJHXJL公司5年的银行承兑汇票保证金历史趋势数据，通过应用用友分析云，分析2015年至2019年历年保证金占比情况。

具体操作步骤如下：

① 新建保证金占用分析可视化：

单击"可视化"中"新建"，选择数据集"财务大数据-资金分析-银行承兑汇票保证金历史趋势（5年）"，单击"确定"，将可视化命名为"保证金占用分析"。

② 设置维度与指标：

选择显示图形拖拽"年""月"到维度、"余额"到指标，选择折线图或柱状图。

③ 对维度"年""月"排序。

④ 将维度"年"拖入"颜色"，可以按不同颜色显示不同年度。

⑤ 单击"保存"后选择"退出"，AJHXJL公司5年的银行承兑汇票保证金历史占比趋势可视化操作完成。

由上图可知，AJHXJL公司5年内的银行承兑保证金占比呈下降趋势，由2015年的7.03亿元下降至2019年的0.7亿元，其中，从2016年12月开始，下降至亿元以下，并在此后一直在0.5～07亿元浮动。

（3）保证金与应付票据的比率分析

具体操作步骤如下：

① 新建关联数据集：

单击"数据准备"中"新建"，选择数据集类型为"关联数据集"，保存在文件夹"我的数据"中，单击"确定"。

② 选择关联表,建立连接:

在数据集中选择需要进行数据关联的数据表"资产负债表""现金及现金等价物",拖到编辑区,单击两表,建立内连接,单击"确定"。单击"执行"后选择"保存","资产负债表"和"现金及现金等价物"表关联数据表建立完成。

③ 新建保证金与应付票据的比率分析可视化:

依次单击"分析设计"中的"我的故事板""资金存量分析""可视化""新建",选择"我的数据"中新建的关联数据,单击"确定",将可视化命名为"保证金与应付票据的比率分析"。

④ 添加计算字段:

单击指标右侧"+",添加字段名称为"保证金占比",字段类型为"数字",利用函数和字段选择,输入表达式,单击"确定"。

⑤ 设置维度和指标:

维度选择"年"和"月",指标选择"保证金占比"。将时间进行排序,可视化操作完成。

注意:图形是根据数据统计,所以可能会出现与图示不符的情况。

(4)银行存款流入流出对比

具体操作步骤如下:

① 新建 5 年的银行存款流入流出分析可视化:

单击"可视化"中"新建",在数据集中选择"银行存款时间序列表 2015—2019",单击"确定",将可视化命名为"5 年的银行存款流入与流出分析"。

② 设置维度与指标:

拖拽"年""月"到维度,拖拽"收入""支出"到指标,选择显示图形为折线图,将维度进行升序排序。2015~2019 年银行存款流入流出分析可视化操作完成。

根据上述操作结果可得,AJHXJL 公司在 2015 年至 2019 年,保证金占比与银行存款流入与流出对比基本吻合,综上所述,可以看出 AJHXJL 公司资金管理能力较好。

(二)母公司资金结构分析

1. 任务内容

进一步分析母公司其他货币资金明细构成;分析保证金占用历年趋势;分析保证金与应付票据比率。

2. 操作步骤

(1)母公司其他货币资金明细构成

数据表:资金分析-AJHXJL 其他货币资金构成(2019 年 9 月)。可视化设置步骤如下:

① 选择维度与指标:

1)维度:科目名称;

2)指标:期末余额。

② 选择显示图形(建议图形:环形图或饼图)。

【思考】 通过进一步观察发现,其他货币资金全部是银行承兑汇票的保证金,该资金属于受限资金,流动性差,应从历史趋势及其与应付票据占比去分析该资金占用是否合理。

（2）母公司保证金占用分析

数据表：资金分析-银行承兑汇票保证金历史趋势（5 年）。可视化设置步骤如下：

① 选择维度与指标：

1）维度：年、月（分别升序排列年与月）；

2）指标：余额。

② 选择显示图形（建议图形：折线图）。

【思考】 从历史趋势看，保证金金额一直在下降，是否能判断其资金管理效率提高了呢？进一步分析保证金与应付票据比率。

（3）母公司保证金与应付票据比率分析

数据表：现金及现金等价物明细表、资产负债表。建立数据集：现金及现金等价物明细表关联资产负债表（连接方法：可以使用内连接，关联条件：日期）。可视化设置步骤如下：

① 计算字段：

保证金占比＝银行承兑保证金/应付票据。

② 选择维度与指标：

1）维度：年、月（分别升序排列年与月）；

2）指标：保证金占比。

③ 选择显示图形（建议图形：折线图）。

（三）资金管理效益分析

1. 问题思考

该公司每月资金流入流出如何？ 流入与流出之间是否存在时间差？ 有没有资金沉淀？ 有资金沉淀，是否及时购买理财产品去创造效益？

2. 操作步骤

（1）母公司银行存款流入流出对比

数据表：银行存款序列表 2015—2019（按月整理）。可视化设置步骤如下：

① 选择维度与指标：

1）维度：年、月（年与月分别升序排列）；

2）指标：收入、支出。

② 选择显示图形（建议图形：折线图）。

【思考】 观察是否存在收入与支出时间差。

第三节　资金来源分析

一、分析前准备

（一）资金来源分析

根据任务目标，对 2019 年 10 月 8 日 AJHXJL 公司资金来源进行分析。

1.确认分析目标

企业资金来源一般源于三大活动,首先要了解 AJHXJL 公司资金结构及贡献度最大的资金来源。通过资金流入流出分析,判断资金流入与流出的主要原因,由此预测企业未来的还款压力,判断企业信用政策与收款力度的有效性及资金发展的健康性。该分析需要用到的数据表为现金流量表。

2.确认分析指标

由于对 2019 年 10 月 8 日 AJHXJL 公司资金来源进行分析,所以选择最近分析数据为 2019 年 9 月数据,了解本月资金贡献度最大的资金来源;取 2015 年至 2019 年期间数据,了解 5 年间资金贡献度最大的资金来源。

在了解完资金构成之后,还需要分析资金收入与支出的合理性,因此,还需要分析公司资金流入与流出的原因。对于企业未来的还款压力,需要分析筹资结构中长期贷款、短期贷款和机构间资金往来的比例。企业资金管理的健康性,可通过分析"销售获现比""盈利现金比率"等指标进行评价。

二、操作步骤

(一)资金来源构成

1.资金存量指标

本案例以 AJHXJL 公司 2019 年 9 月及 2015 年至 2019 年 5 年间的现金流量构成分析做演示,具体操作步骤如下:

(1)新建故事板

在用友分析云中依次单击"分析设计""新建""新建故事板",故事板名称为"资金来源分析",建在"我的故事板"目录下,单击"确认"。

(2)新建 5 年现金流量构成分析可视化

新建故事板"资金来源分析";单击"可视化"中"新建",选择数据集"财务大数据""资金分析"文件夹下的"现金流量表-AJHXJL",单击"确定",将可视化命名为"现金流量构成分析"。

(3)设置维度与指标

维度选择"年",指标选择"经营活动产生的现金流量净额""投资活动产生的现金流量净额""筹资活动产生的现金流量净额"。

(4)选择显示图形

选择适合本指标的图形,可以选择表格、折线图等,将维度按年进行升序排列,2015年—2019 年 5 年间现金流量构成分析可视化完成。

(5)新建 2019 年 9 月现金流量分析可视化

根据任务目标,要分析 2019 年 9 月现金流量构成,新建可视化方法同上,维度选择"年""月",指标选择"经营活动产生的现金流量净额""投资活动的现金流量净额""筹资活动产生的现金流量净额"。

设置过滤条件为 2019 年 9 月,单击维度中"年"右侧的下拉框,单击"创建过滤",加过滤条件。

(6)可将数据单位变换为亿元

单击各指标,在出现的下拉框中选择"设置显示名"。将各指标名称后加上"(亿元)";选择"数据格式",将缩放率设置成"100000000"。

2. 指标解读

2019年9月AJHXJL公司经营活动产生的现金流净额为负数,投资活动与筹资活动产生的现金流净额为正数。如果企业经营活动所产生的现金流净额为负数,筹资活动产生的现金流净额为正数时,表明该企业可能处于产品初创期。在这个阶段,企业需要投入大量资金,形成生产能力,开拓市场,其资金来源只有举债、融资等筹资活动。但AJHXJL公司并非初创公司,说明AJHXJL公司目前有可能是靠举债来维持生产经营,财务状况可能恶化,由此,应着重分析投资活动现金流是来自投资收益还是收回投资,如果是后者,则形势严峻。但不能仅依靠单月指标解读一家公司的经营状况,还需要进一步对AJHⅨJL公司5年现金构成趋势指标进行分析解读。

从2015年至2019年5年期间现金构成趋势可以看出,经营活动产生的现金流净额持续下滑;投资活动产生的现金流净额波动较大,2015年为零,2016年为−0.79亿元,但从2017年开始,逐渐上升,最高值是2018年的11.31亿元,但2019年大幅下滑,跌至1.30亿元,可见投资活动的现金流来源并不稳定;筹资活动所产生的现金流净额从2016年开始为负值,说明公司连续数年偿还了大量债务,或进行了利润分配。综合来看,从2019年开始,AJHXJL公司经营活动所产生的现金流净额已经变为0.16亿元,投资活动产生的现金流净额下滑至1.3亿元,筹资活动产生的现金流净额为−0.61亿元,经营活动已经发出危险信号。当经营活动现金净流量为负数,投资活动现金净流量为正数,筹资活动现金净流量为负数时,可以认为企业处于衰退期。这个时期的特征是市场萎缩,产品销售的市场占有率下降,经营活动现金流入小于流出,同时企业为了应付债务不得不大规模收回投资以弥补现金的不足。为了进一步证明上述结论,需要再对该公司其他资金指标进行分析。

(1)2019年现金流入与流出占比情况

具体操作步骤如下:

① 新建可视化:

单击"可视化"中"新建",选择数据集中的"现金流量表-AJHXJL",单击"确定",将可视化重命名为"2019年现金流入项目分析"。

② 设置指标:

指标选择"经营活动现金流入小计""投资活动现金流入小计""筹资活动现金流入小计",维度为空。

③ 设置过滤条件:

单击"过滤""设置",添加过滤条件为"年=2019"。

④ 选择显示图形。

2019年现金流入项目分析可视化完成。

单击"＋",以相同方法完成 2019 年 9 月现金流入项目分析、2019 年现金流出项目分析、2019 年 9 月现金流出项目分析可视化的新建,全部保存并退出,即可得可视化结果。

通过上述操作结果可以分析出,2019 年及 2019 年 9 月,AJHXJL 公司经营活动现金流入小于现金流出,筹资活动所带来的现金流入占最大比重。

（2）现金流入项目深入洞察分析

具体操作步骤如下：

① 新建可视化：

单击"可视化"中"新建",选择需要用的数据表"筹资结构分析（2019 年 9 月）",将可视化命名为"现金流入项目深入洞察"。

② 选择维度与指标：

维度选择"现金流量项目名称",指标选择"借方"。

③ 选择显示图形。

现金流入各项目占比可视化完成。

（3）销售获现比和盈利现金比

分析该公司销售获现比和盈利现金比,需要用到现金流量表与利润表的关联数据。具体操作步骤如下：

① 关联数据集：

依次单击"数据准备""新建""关联数据集""确定",选择数据集,"现金流量表-AJHXJL"和"利润表-AJHXJL",建立内连接,单击"确定",选择"执行"后"保存"。

② 新建可视化：

进入"资金来源分析"故事板,单击"可视化"中"新建",选择刚才关联的数据集,将可视化命名为"销售获现比"。

③ 新建计算字段：

在指标中添加计算字段：销售获现比＝销售商品提供劳务收到的现金/主营业务收入。

④ 设置维度与指标：

维度选择"年",指标选择"销售获现比",按年进行升序排序。销售获现比可视化操作完成。

从可视化结果可以看出,从 2016 年开始,AJHXJL 公司销售获现比呈下降趋势,尤其是 2019 年,从 14.53 下降至 10.68,通过销售获取现金能力逐步下降。再看盈利现金比,2015 年至 2017 年均为负数,说明企业本期净利润中尚存在没有实现的现金收入,在这种情况下,即使企业盈利,也可能发生现金短缺的情况。在 2018 年和 2019 年,盈利现金比率大于 1,说明企业盈利质量缓慢改善。

三、实战演练——资金来源健康性评测

（一）任务内容

分析筹资结构中长期贷款、短期贷款和机构间资金往来的比例,理解企业资金池的

含义,预判企业未来的还款压力;计算销售获现比,分析其历史趋势,由此预断企业信用政策与收款力度;计算盈利现金比率,分析其历史趋势,由此判断企业发展的健康性。

(二)操作步骤

1. 流入项目深入洞察

数据表:筹资结构表。具体可视化设置步骤如下:

(1)选择维度与指标:

① 维度:现金流量项目名称;

② 指标:借方。

(2)选择显示图形(建议图形:饼图或环形图)。

【思考】 观察筹资结构中长期贷款、短期贷款和机构间资金往来的比例,理解企业资金池含义,预判企业未来的还款压力。

2. 销售获现比

数据集成:将现金流量表-AJHXJL 与利润表-AJHXJL 建立连接(连接类型:内连接,关联条件:日期)。具体可视化设置步骤如下:

(1)设置计算字段:销售获现比=销售商品提供劳务收到的现金/主营业务收入。

(2)选择维度与指标:

① 维度:年、月(分别升序排列年与月);

② 指标:销售获现比。

(3)选择显示图形(建议图形:折线图)。

【思考】 从历史趋势看,该比率是下降还是上升,由此预断企业信用政策与收款力度。

3. 盈利现金比率

数据表:选择利润表和现金流量表建立的数据集。具体可视化设置步骤如下:

(1)设置计算字段:盈利现金比率=经营活动产生的现金流量净额/净利润。

(2)选择维度与指标:

① 维度:年、月(分别升序排列年与月);

② 指标:盈利现金比率。

(3)选择显示图形(折线图)。

【思考】 从历史趋势看,该比率是下降还是上升,由此判断企业发展的健康性。

第四节 债务分析与预警

一、任务内容

2019 年 10 月 8 日,财务总监对公司银行债务情况进行分析,要求显示本期长短期贷款金额及未还本金;显示欠款的银行、穿透查询每家银行还款期限、大额未还款项(≥100万)设置预警。

二、操作步骤

（一）短期借款金额、长期借款金额

数据表：资产负债表。具体可视化设置步骤如下：

（1）选择维度与指标：

① 维度：无；

② 指标：短期借款、长期借款。

（2）设置过滤条件：

年份＝2019，月＝9。

（3）选择显示图形（建议图形：指标卡）。

（二）未还本金

数据表：银行贷款明细表。具体可视化设置步骤如下：

（1）选择维度与指标：

① 维度：无；

② 指标：未还本金。

（2）选择显示图形（建议图形：指标卡）。

（三）未还款情况分析

要求：显示未还款银行、穿透查询每家银行还款期限、大额未还款项（≥100万）设置预警。

数据表：银行贷款明细表。具体可视化设置步骤如下：

（1）设置层级：贷款单位穿透，贷款单位，结束日期。

（2）选择维度与指标：

① 维度：贷款单位穿透；

② 指标：未还本金（升序排列）。

（3）选择显示图形（建议图形：柱状图或条形图）。

（4）穿透，设置图形（建议图形：折线图）。

（5）设置预警：

① 指标聚合方式：求和；

② 预警指标满足：全部条件；

③ 添加条件格式：未还本金大于1亿元；

④ 设置预警人员、预警级别以及预警线颜色。

第五节　资金流预测

一、知识引入

（一）案例背景

2019年10月8日，在AJHXJL公司经营管理会议上，总经理要求财务总监对公司下一期资金流入量进行预测，以便量入为出，安排下期重要支出。现金流量预测可以采用回归、决策树、时间序列等算法。不同算法需测数据范围不同,比如用多元回归算法预测资金流入量,需要确定和资金流入量相关因素,以及收集 3 年以上各因素的数值,这种方法数据收集工作量比较大。而时间序列表只需要按时间收集资金流入历史数据,比较简单易行。因此,本节使用时间序列法进行资金流量预测。

(二)任务目标

根据给定的历史数据,使用时间序列模型预测出 AJHXJL 公司下一期资金流入量。

(三)任务实现

第一步:观察数据,去掉异常情况。

第二步:判断该时间序列数据影响因素。

第三步:确定时间序列趋势影响模型。

第四步:计算趋势分量(T)和循环分量(C)。

第五步,计算季节分量(S)和不规则分量(I)。

第六步:确定季节指数。

第七步:确定趋势方程。

第八步:预测。

二、任务实战

利用数据挖掘工具中的时间序列分析中的 ARIMA 算法预测公司未来期间的资金流入。

三、操作步骤

(一)选择数据源

点击"选择数据源",弹出左侧"选择数据源框";选择内置数据,然后点击"保存";点击查看数据源,观察数据源。

(二)配置模型

点击"配置模型",弹出模型库;选择时间序列中的"ARIMA",弹出 ARIMA 参数设置框;点击选择自变量,自变量要选择日期和数据两列。其中,日期格式支持年/月/日、年—月—日、年月日。

注意:这里仅支持时间单位具体到天的数据,其他日期格式暂不支持。

(三)开始建模

查看建模结果。

(四)设置预测时间

这里填写预测的天数,天数是大于 0 的正整数,范围为 1~180。

(五)开始预测

查看预测结果。

第六节 项目测评

在用友分析云编写 AJHXJL 公司资金分析报告,总结资金存量分析、来源分析及债务分析的结果,形成分析报告并上传。

🔧 思政园地

学习者作为未来的财务管理者,肩负着保障企业资金安全、促进企业发展的重任,因此要树立正确的资金观念,注重风险防控,严格遵守财务纪律;还要将所学知识应用于实际,为企业制订合理的资金计划,优化资金结构,提高资金使用效率。通过学习资金分析与预测,学习者不仅要提升专业素养,更要培养诚信、责任、创新的思政精神,为未来职业生涯奠定坚实的基础。

第十一章 销售分析与预测

【学习目标】
- 熟知销售收入整体分析指标
- 掌握产品维度的分析
- 掌握价格维度的分析
- 掌握客户维度的分析
- 掌握销售价格的预测

第一节 案例引入与前导知识

一、案例引入

(一)案例背景

2019 年 10 月 8 日,AJHXJL 公司召开业务经营分析会,要求财务总监对企业的销售情况进行专项分析,全面深入地分析企业的销售收入状况,为经营决策提供数据支撑。

(二)任务目标

财务总监从整体收入、客户维度、产品维度、价格维度 4 个方面展开分析,洞察数据背后的含义,溯源分析指标增减比率的合理性与异常项,为管理层后续决策提供支持。

(三)任务实现

为实现以上任务目标,需要完成以下 4 个步骤:

步骤一:销售收入整体分析。

步骤二:客户维度的分析。

步骤三:产品维度的分析。

步骤四:价格维度的分析。

每一个维度的分析也是 4 个步骤,先是确定分析目标,根据目标确定指标,对指标进行计算,最后对指标结果进行解读与分析。

二、前导知识

(一)销售收入

销售收入,也称营业收入。营业收入按比重和业务的主次及经常性情况一般可分为主营业务收入和其他业务收入。销售收入的公式为:

$$销售收入＝产品销售数量×产品单价$$

主营业务收入包括产成品、代制品、代修品、自制半成品和工业性劳务销售收入等。

其他业务收入包括除商品产品销售收入以外的其他销售和其他业务收入,如材料销售收入、包装物出租收入及运输等非工业性劳务收入。

(二)销售收入整体分析指标

销售收入是企业经营活动的核心指标之一,它不仅反映了企业产品或服务的市场接受程度,还是评估企业盈利能力和成长性的关键依据。为了全面、深入地了解销售收入状况,企业需要运用一系列分析指标来进行分析,具体分析指标见表11-1所列。

表11-1　销售收入整体分析指标一览表

总量	增长性	纵向	横向	相关
总销售收入	同比	按年	行业标杆	收入增长率与净利润增长率
各产品销售收入	环比	按季度	行业平均	收入增长率与应收账款增长率
各区域销售收入		按月		收入增长率与预收账款增长率

1. 总量

营业收入是衡量企业经营状况和市场占有能力、预测企业经营业务拓展趋势的重要标志。不断增加的营业收入是企业生存的基础和发展条件。销售额的数额与增长速度是企业整体实力的重要标志。销售额增长速度越快,企业抵消风险的能力就越强。

按产品维度细分,检索重点产品发展趋势及新产品市场表现。按区域细分,检索重点区域、发现潜在市场,提出下阶段区域布局策略。

2. 增长性

环比指的是对相邻两月数据进行比较;同比指的是对历史同期数据进行比较。同比和环比侧重点不同,环比会突出显示数据的短期趋势,会受到季节等因素影响;而同比侧重反映长期大趋势,规避了季节因素。

3. 纵向对比

纵向对比分析反映收入增减变化趋势。通过纵向分析可以分析出销售收入季节因素,如将行业销售淡旺季规律,与销售数据中的销售行程进行对比,分析淡旺季发展规律,可以为客户提供渠道压货规则及生产运作规划。纵向对比可以结合行业未来发展及其他影响企业发展的潜在因素,对企业下一期收入进行前瞻性预测。

4. 横向对比

通过横向比较,了解企业在行业中的地位及与标杆企业的差距。标杆企业指的是行业中具有代表性的企业,一般为知名度高、信誉好、有发展潜力、综合实力强的企业。行业标准是以一定时期一定范围同类企业为样本,采用一定方法对相关数据进行测算而得出的平均值。

5. 相关性

(1)收入增长率与净利润增长率

收入增长率与净利润增长率是公司财务状况的关键指标。当出现净利润增长率超过销售收入增长率,这明确表明公司的盈利能力正在增强。这种增长差异的原因在于多个方面:短期内,产品销售结构的变化,特别是高毛利率产品销售占比的增加,对净利润增长起到了积极推动作用;中期来看,公司对费用和成本的有效控制进一步提升了盈利能力;而从长期来看,公司能否保持持续的核心竞争力和适应行业发展趋势,将是决定其净利润增长率能否持续高于销售收入增长率的关键。

(2)收入增长率与应收账款增长率

一般来说,应收账款与收入存在一定正相关关系。在较好的经营状况下,应收账款增长率往往小于收入增长率。当应收账款增长率大于收入增长率时,说明营业收入中大部分属于赊销,资金回笼较慢,企业资金利用效率有所降低,影响了企业资产质量,从而加大了经营风险,应收账款变现速度仍有待加强。

在日常经营中,往往会出现应收账款增长率与收入增长率不配比的现象,原因往往有以下几点:

① 企业更改赊销政策,销售额虽然有所增长,但增长幅度小于应收账款增长幅度。

② 关联方销售占总销售比例较高,收款无规律。

③ 企业管理不善,原有应收账款无法收回,又盲目发展新客户。

④ 市场形势变得异常火爆,出现客户先付款后提货的局面,应结合预收账款进行分析。

⑤ 企业无法适应市场变化,销售业务锐减,但应收款收不回来。

(3)收入增长率与预收账款增长率

预收账款是企业下游议价能力的体现,也是收入的先行指标。预收账款大幅增加的企业,收入大概率也会增加。考虑预收账款时必须区分行业,常见预收账款模式行业有地产、白酒、软件科技类企业等。

(三)销售收入产品维度分析

1. 产品维度分析的价值

产品维度分析在企业战略规划和市场定位中扮演着至关重要的角色。通过对产品的多个维度进行深入分析,企业可以更加清晰地了解各个产品在市场中的竞争地位、增长潜力和盈利能力,从而为企业制定合适的市场策略和产品策略提供决策支持,产品维度分析的价值如图 11-1 所示。

通过产品维度分析,企业可以将产品划分为四种类型,分别为问题产品、瘦狗产品、金牛产品和明星产品。这种分类有助于企业了解每个产品的特点和潜在问题,从而制定针对性的策略。

(1)问题产品

这类产品通常具有较高的业务增长率,但市场占有率较低。这意味着产品在市场上可能面临一些挑战,如品牌知名度不足、竞争对手强大等。企业需要分析产生问题的原因,并考虑通过加大市场推广、提升产品质量等方式来提高市场占有率。

(2)瘦狗产品

这类产品的业务增长率和市场占有率都较低。这可能是因为产品已经过时、缺乏创新或者市场需求下降。对于瘦狗产品,企业可能需要考虑重新定位、升级产品或者逐步淘汰。

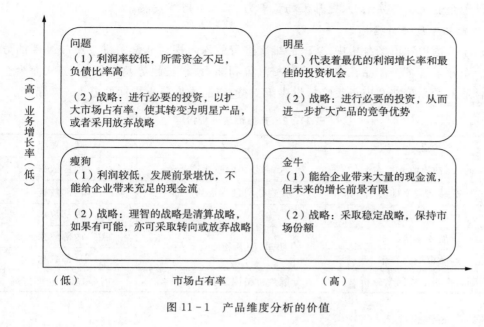

图 11-1 产品维度分析的价值

（3）金牛产品

这类产品具有较高的市场占有率，但业务增长率较低。金牛产品通常是企业稳定的收入来源，但也需要警惕市场变化和竞争对手威胁。企业可以通过改进产品、拓展市场等方式来保持其市场地位。

（4）明星产品

这类产品既具有较高的业务增长率，又具有较高的市场占有率。明星产品是企业未来的增长引擎，企业需要继续加大投入、提升产品质量和服务水平，以保持其竞争优势。

（5）指导企业战略决策

通过对不同类型产品的分析，企业可以更加清晰地了解自身产品结构和市场布局，从而制定更加合理的战略决策。例如，企业可以根据产品特点和发展潜力来调整资源配置、优化产品组合、拓展新市场等。

（6）优化产品组合

产品维度分析有助于企业了解各个产品的盈利能力和增长潜力，从而优化产品组合。企业可以通过减少低盈利、低增长产品的投入，增加高盈利、高增长产品的投入，来提高整体盈利能力和市场竞争力。

（7）提升市场竞争力

通过对产品的深入分析，企业可以更加准确地了解市场需求和竞争态势，从而制定更加有针对性的市场策略。例如，企业可以通过改进产品功能、提升用户体验、加强品牌营销等方式来提升产品竞争力。

产品维度分析的价值在于帮助企业了解各个产品在市场中的竞争地位、增长潜力和盈利能力，从而为企业制定合适的市场策略和产品策略提供决策支持。同时，这种分析也有助于企业优化产品组合、提升市场竞争力、实现可持续发展。

2．产品维度分析指标

在企业销售和市场分析中，从产品维度进行的深入探讨非常关键。产品维度的分析有助于企业了解各个产品在市场中的表现、盈利能力、增长趋势及竞争地位，从而为企业制定合适的产品策略和市场策略提供决策支持，产品维度分析指标见表11-2所列。

表11-2 产品维度分析指标

指标	含义	数据来源
产品销售收入排名	找到公司的拳头产品	内部数据
产品毛利率排名	找到公司最赚钱的产品	内部数据
产品收入增长率	综合三个指标，找到公司的金牛、明星、问题和瘦狗产品	内部数据
产品成本增长率		内部数据
产品市场占有率		外部数据
产品收入增长因素分析	分解为价格因素与销量因素	内部数据、外部数据

（1）产品销售收入排名

根据产品销售收入的高低进行排序，从而识别出公司的拳头产品，即那些销售收入最高、市场表现最好的产品。数据通常来源于企业的内部销售数据，可以是年度、季度或月度的销售统计。

（2）产品毛利率排名

根据产品毛利率进行排序，从而找到公司最赚钱的产品。毛利率高的产品往往具有更高的附加值和更低的成本。数据来源于内部数据，特别是与产品的成本和售价相关的数据。

（3）产品收入增长率

衡量产品销售收入的增长速度，有助于识别公司的金牛产品（市场占有率高、增长稳定的产品）、明星产品（高增长、高市场占有率的产品）、问题产品（高增长但市场占有率低的产品）和瘦狗产品（低增长、低市场占有率的产品）。数据来源于内部数据，通过对不同时间段的销售收入进行比较计算得出。

（4）产品成本增长率

分析产品成本的增长情况，可以了解成本控制效果及成本结构变化。数据来源于内部数据，特别是与产品生产和运营相关的成本数据。

（5）产品市场占有率

衡量企业在特定市场或细分市场中某一产品的市场份额，反映产品竞争地位和市场需求情况。数据来源于外部数据，通常需要通过市场研究、竞争对手分析或行业报告等途径获取。

（6）产品收入增长因素分析

将产品收入增长分解为价格因素和销量因素，以了解收入增长是价格上涨还是销量上涨所导致的。这有助于企业制定针对性的市场策略,如调整定价、加强营销推广等。数据来源于内部和外部数据,内部数据包括产品的售价和销量统计,外部数据可能涉及市场调研和竞争对手分析等。

通过对这些产品维度分析指标的综合运用,企业可以更加全面地了解各个产品在市场中的表现和发展趋势,为企业制定合理的产品策略和市场策略提供有力支持。同时,这些指标也可以作为企业内部考核和优化的重要依据,帮助企业不断提升产品竞争力和市场竞争力。

(四)销售收入客户维度分析

1. 客户分析的意义

在当今商业环境中,企业面临着日益激烈的竞争和不断变化的市场需求。为了在这样的环境中脱颖而出,企业需要精心策划并执行有效的客户分析策略。客户分析不仅是企业制定销售策略、优化资源配置和提升利润的关键,更是确保企业持续盈利和长期发展的重要手段。

(1)客户分析有助于企业识别不同客户群体

不同客户有着不同的需求、偏好和购买力。通过对客户进行细致分析,企业可以更准确地了解每个客户群体的特点,从而为他们提供更为精准的产品和服务。这种个性化服务不仅能够提高客户满意度,还能为企业带来更多利润。

(2)客户分析有助于企业识别并培养高价值客户

管理学中有着著名的 80/20 原则,即 80% 的利润往往来自 20% 的客户,这 20% 的客户就是高价值客户。这些高价值客户是企业利润的主要来源,因此,企业应该将有限的资源集中在这些客户身上,为其提供更为优质的服务和产品,以提高他们的满意度和忠诚度。同时,通过深入了解这些客户的需求和偏好,企业还可以开发出更具吸引力的新产品和服务,从而进一步巩固与他们的合作关系。

(3)客户分析有助于企业识别和剔除负价值客户

负价值客户可能会给企业带来损失或负面影响,如频繁投诉、拖欠款项等。通过剔除这些客户,企业可以节省大量的时间和资源,从而更好地服务于那些真正有价值的客户。

客户分析在现代企业管理中具有重要的意义。它不仅有助于企业深入了解客户群体、识别并培养高价值客户,还能帮助企业识别和剔除负价值客户。通过有效的客户分析,企业可以更加精准地制定销售策略、优化资源配置和提升利润,从而实现长期的盈利和发展。

2. 商业模式

在商业领域中,不同企业根据其目标客户、产品或服务特点,会选择不同商业模式来运营。其中,B2B(Business-to-Business)和 B2C(Business-to-Customer)是两种最为常见的商业模式。

(1)B2B 商业模式

B2B 商业模式主要涉及两个或多个企业之间的交易。这种交易可以包括产品或服务买卖、合作、许可或其他形式的商业合作。B2B 交易的特点通常是大宗交易、定制化服务、长期合作关系及高度信任和透明度。

① 大宗交易

B2B 交易往往涉及大量产品或服务,这些交易往往金额较大,需要双方投入较多资源和精力。

② 定制化服务

由于 B2B 交易中的客户通常是其他企业,它们往往有着特定需求和要求,因此,B2B 企业通常需要提供定制化产品或服务来满足这些需求。

③ 长期合作关系

与 B2C 交易相比,B2B 交易更注重长期合作关系的建立和维护。这种合作关系通常基于互信、共同利益和长期目标。

④ 高度的信任和透明度

由于 B2B 交易涉及大量资金和资源,因此双方之间需要建立高度信任关系。同时,交易的透明度也非常重要,以确保双方权益得到保障。

(2)B2C 商业模式

B2C 商业模式主要涉及企业直接向消费者销售产品或服务。这种交易通常发生在零售环境中,企业通过各种渠道(如实体店、电商平台等)向消费者提供商品或服务。

① 直接面向消费者

B2C 交易直接面向广大消费者,这些消费者通常具有多样化需求和偏好。

② 交易规模较小

与 B2B 交易相比,B2C 交易通常规模较小,涉及的产品或服务数量有限。

③ 注重营销和品牌建设

为了吸引和留住消费者,B2C 企业通常需要在营销和品牌建设方面投入大量资源和精力。

④ 快速响应和个性化服务

B2C 企业需要能够快速响应消费者的需求和反馈,并提供个性化服务来满足他们的期望。

B2B 和 B2C 是两种截然不同的商业模式,它们各自具有不同的特点和要求。企业需要根据其产品或服务的性质、目标客户及市场环境等因素来选择最适合自身的商业模式。同时,随着市场的不断变化和技术的不断发展,企业也需要不断调整和优化其商业模式以适应新的竞争环境。

3. 企业客户与个人客户

在商业领域中,企业客户与个人客户之间存在着显著差异,这些差异主要体现在客户规模、交易单价、决策方式、关注角度、购买流程及成交周期等方面。

(1)客户规模不同

B2C 业务,即商业对消费者业务,其客户群体通常非常庞大。由于直接面向最终消费者,B2C 业务涉及的购买者数量众多,即便是在小众市场中,通过分类集中,其受众规模也能达到千万级别。这使得 B2C 企业难以精准统计和预测与自身产品相关的整个市场的体量。

相比之下，B2B 业务，即商业对商业业务，主要针对的是企业、组织、政府等机构型客户，其客户面相对较窄，但更为明确和集中，一旦确定了产品参数和用途，其对应的市场体量就基本固定，这为企业进行市场分析和定位提供了便利。

（2）交易单价不同

B2B 业务的交易金额通常较大。这是因为 B2B 合同往往以公司形式签订，涉及多个环节，如采购申请、领导审批、财务付款等。此外，B2B 交易还可能涉及定金生产、批交批结合同等复杂流程，导致整个交易周期变长，交易金额增加。与此相对，B2C 业务交易金额相对较小，风险也较低。

（3）决策方式不同

B2C 场景下的消费者购买决策往往较为感性，可能受到个人喜好、广告宣传、他人意见等多种因素的影响。而 B2B 采购决策则更加理性，通常基于增强盈利能力、降低成本、提高生产率、降低风险等角度进行。这使得 B2B 业务营销需要更加注重产品的实际价值和长期利益。

（4）关注角度不同

在 B2B 业务中，由于客户数量有限且更换供应商风险较高，企业通常更注重与客户的长期合作关系。双方都会从互惠互利、长期合作角度出发，关注关系的稳定性和信任度。而在 B2C 业务中，由于客户数量众多且价格敏感度较高，企业更注重短期销售促进和活动策划。

（5）购买流程不同

B2C 业务的购买流程相对简单，通常是由个人决策并买单。而在 B2B 业务中，购买决策涉及多个部门和人员，流程较为复杂。这要求 B2B 企业在销售过程中与多个关键人员建立联系，以促成交易。

（6）成交周期不同

B2C 业务成交周期通常较短，能够实现一手交钱一手交货的灵活交易。而 B2B 业务成交周期则较长，可能需要几个月甚至几年时间。这是因为 B2B 业务营销具有明显的滞后性，推广活动效果往往需要一段时间才能显现。

企业客户与个人客户在多个方面都存在显著差异。这些差异要求企业在开展 B2B 和 B2C 业务时采取不同的策略和方法，以满足不同客户的需求和期望。

4. 客户的 ABC 分类法

ABC 分类法，又称巴雷托分析法，是根据事物在技术或经济方面的主要特征，进行分类排队，分清重点和一般，从而有区别地确定管理方式的一种分析方法。由于它把分析对象分成 A、B、C 3 类，所以又称为 ABC 分析法。其中 A 类约占 10%～15%，B 类约占 15%～25%，余下为 C 类，其中 A 类为最重要的成熟客户。

客户分类可以采用客户进货额或者毛利贡献额为指标。

5. 新客户与老客户

企业利润来源主要有两部分。一部分是新客户，即利用传统市场营销组合 4P 策略，进行大量广告宣传和促销活动,吸引潜在客户来初次购买产品;另一部分是原有企业消费者,即已经购买过企业产品,使用后感到满意,没有抱怨和不满,经企业加以维护愿意继续购买产品的消费者。留住老客户可使企业竞争优势长久。企业服务已经由标准化细致入微服务阶段发展到个性化顾客参与阶段。成功的企业和成功的营销员把留住老客户作为企业与自身发展的头等大事来抓,其中,留住老客户的指标为客户续约率。

（五）销售收入价格维度分析

1. 价格弹性

在销售收入分析中,价格维度是一个核心要素。其中,价格弹性尤为重要,它直接反映了产品价格变动与市场需求量之间的关系。深入理解价格弹性对于企业制定价格策略、预测市场反应和优化收益结构有着不可或缺的作用。

价格弹性是指当产品价格发生变化时,市场需求量会如何响应这种变化。这种响应可以是正向的,也可以是负向的,取决于产品性质、市场定位及消费者购买行为,为此,价格弹性可以分为 4 种类型,分别为富于弹性、缺乏弹性、完全弹性和完全无弹性。价格弹性类型如图 11-2 所示。

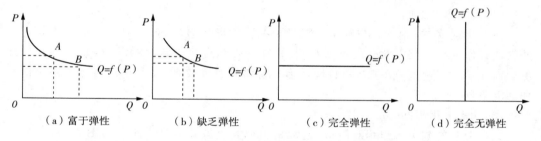

|（a）富于弹性|（b）缺乏弹性|（c）完全弹性|（d）完全无弹性|

图 11-2　价格弹性类型

（1）富于弹性

富于弹性,意味着当价格发生小幅度变动时,市场需求量会发生较大幅度变化。这种情况通常出现在替代品较多的市场,或者消费者对价格变动非常敏感的情况下。在这种情况下,企业如果考虑降价,可能会吸引更多消费者,从而增加销售量。相反,如果企业提价,可能会导致消费者转向其他替代品,导致销售量减少。

（2）缺乏弹性

与富于弹性相反,当价格发生变动时,市场需求量变化相对较小。这通常发生在必需品市场,或者消费者对价格变动不太敏感情况下。在这种情况下,企业即使提价,消费者可能仍会购买,因为这些产品是他们生活中不可或缺的。

（3）完全弹性

这是一个极端的情况,意味着无论价格如何变动,市场需求量都保持不变。这种情况在实际市场中很少见,但在理论分析中有时会提到。

（4）完全无弹性

这是另一个极端情况,意味着无论价格如何变动,市场需求量都不会发生变化。这通常发生在一些特殊的市场环境中,如垄断市场或政府管制的市场。

　　了解价格弹性类型和特点后,企业就可以根据自身产品特性和市场定位来制定合适的价格策略。例如,如果企业销售的产品富于弹性,那么在市场竞争激烈或需求下降时,适当降价可能是一个有效的促销手段。相反,如果产品缺乏弹性,那么企业可能更有底气提价,因为即使价格上升,消费者仍可能保持购买。

　　总之,价格弹性是企业制定价格策略、预测市场反应和优化收益结构的重要工具。通过深入了解价格弹性概念和特点,企业可以更加精准地把握市场动态,实现收益最大化。

　　2. 价格分析因产品而异

　　价格分析在制定市场营销策略时扮演着至关重要的角色。不同类型的产品,由于其成本结构、市场需求和供应特性差异,往往需要采用不同的定价策略。不同类型产品的定价策略如图 11-3 所示。

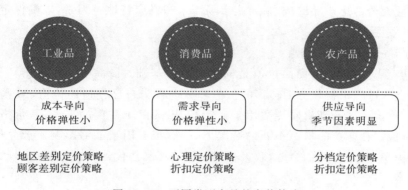

图 11-3　不同类型产品的定价策略

　　(1)成本导向定价与工业品

　　成本导向定价主要依据产品的生产成本来设定价格。在这种定价策略下,企业首先要确定产品的生产成本,然后加上期望利润来确定最终销售价格。这种定价方式通常适用于成本结构相对稳定、价格弹性较小的产品,如工业品。

　　工业品定价策略往往采用地区差别定价和顾客差别定价。地区差别定价指根据不同地区市场环境、竞争状况和运输成本等因素来设定不同价格。这种策略有助于企业更好地适应不同地区的市场需求,提高市场份额。顾客差别定价则指根据顾客购买量、购买频率、信用状况等因素来设定不同价格。这种策略可以帮助企业更好地满足不同顾客群体的需求,提高客户的忠诚度和满意度。

　　(2)需求导向定价与消费品

　　需求导向定价主要依据市场需求和消费者心理来设定价格。在这种定价策略下,企业会密切关注市场动态和消费者需求,通过灵活定价策略来刺激消费者的购买欲望。这种定价方式通常适用于价格弹性较大、市场竞争激烈的消费品。

　　消费品定价策略往往采用心理定价和折扣定价。心理定价指利用消费者心理预期来设定价格,如通过设定尾数价格、整数价格或吉祥数字价格等方式来吸引消费者。这种策略可以激发消费者的购买欲望,提高产品销售量。折扣定价则指在原价基础上给予一定折扣或优惠,以吸引消费者购买。这种策略可以刺激消费者的购买行为,提高产品的市场占有率。

（3）供应导向定价与农产品

供应导向定价主要依据产品的供应特性和季节变化来设定价格。在这种定价策略下，企业会根据产品供应量和季节性需求变化来调整价格。这种定价方式通常适用于供应受季节影响较大的农产品。

农产品定价策略往往采用分档定价和折扣定价。分档定价指根据产品的不同规格、品质或等级来设定不同价格。这种策略可以帮助企业更好地满足消费者的多样化需求，提高产品的整体销售额。折扣定价在农产品领域同样适用，特别是在产品供应过剩或季节性需求下降时，通过给予折扣或优惠可以促进销售，减轻库存压力。

不同类型产品需要采用不同定价策略来适应市场需求和竞争环境。企业在制定定价策略时，应充分考虑产品的成本结构、市场需求和供应特性等因素，以确保定价策略的合理性和有效性。

3. 矿产品价格的影响因素

根据马克思主义理论，商品价值是构成价格的基础。商品价值由 $C+V+M$ 构成，$C+V$ 是在生产过程中物化劳动转移的价值和劳动者为自己创造的价值，M 是劳动者为社会创造的价值。这一理论同样适用于矿产品，因此对于矿产品来说，其价格决定因素是矿产品价值。在矿产品价值不变的情况下，还有很多因素能够影响矿产品价格，比如成本、供需关系、政治、经济、金融、政策、市场竞争、产品替代等因素。

（1）成本

对矿产品价格而言，成本是一个关键因素。矿产品生产企业销售价格以成本为最低界限，只有价格高于成本，企业才能获得一定利润。产品价格是按成本、利润和税金三部分来制定的。就同类矿产品市场价格而言，主要受社会平均成本的影响。根据统计资料显示，矿产品成本在其出厂价格中平均约占 70%，这就是说，成本是影响价格的最主要因素。例如，多年以前，铝制品极为稀有，皇家贵族用之以彰显高贵身份，而现在铝制品已进入普通百姓的生活。其原因就在于过去铝制品生产成本非常高，造成价格昂贵，现在由于技术进步，其生产成本大大降低，使价格可为大部分人所接受。

（2）供需关系

矿产品价格受矿产品供给与需求相互关系的影响。当矿产品市场需求大于供给时，价格会上涨；当矿产品市场需求小于供给时，价格会下跌。反过来，价格变动影响市场供应总量，价格高则供应量下降，价格低则供应量增长。例如，美国原油库存数据一直是国际原油价格的风向标，库存下降，原油价格上涨；库存增加，原油价格则下跌。2008 年初，我国煤价快速上涨是市场需求大于市场供给造成的，而 2008 年 7 月以后煤价下跌是市场需求小于供给引起的。

（3）政治

地缘政治稳定性和政府干预都会影响矿产品价格。地缘政治稳定，矿产品价格比较平稳；地缘政治不稳定，尤其是发生战争，会导致矿产品价格快速上升。政府为了维护经济秩序，或为了其他目的，可能通过立法或者其他途径对企业价格策略进行干预。政府干预方式包括规定毛利率、规定最高或最低限价、限制价格浮动幅度或规定价格变动审批手续,实行价格补贴等。例如,中东地缘政治危机促使原油价格一路走高。

(4)经济

经济发展和资本投入也会对矿产品价格产生影响。在经济发展平稳增长时期,矿产品价格总体呈增长态势;当经济发展出现波动时,矿产品价格会随之下跌。热钱、基金和投机商对矿产品炒作会在短期内拉高其价格。例如,2008年上半年国际原油价格高速增长,资本炒作是主因。

(5)金融

金融对矿产品价格影响非常直接。金融稳定,矿产品价格稳定;金融动荡,矿产品价格下滑。例如,2008年9月,国际金融危机爆发,各类矿产品价格急剧下跌。又如近年来,美元持续贬值导致矿产品价格不断上扬。

(6)政策

政策对矿产品价格影响表现在许多方面。国家价格政策、进出口政策、金融政策、税收政策、产业政策等都会直接影响矿产品价格。例如,2006年底世界主要锡生产国印度尼西亚宣布对锡出口进行限制,导致锡期货价格暴涨。

(7)市场竞争

市场竞争也是影响价格制定的重要因素。一般来讲,矿产品价格与竞争程度成反比例关系。竞争越激烈,价格越低;反之,越缺乏竞争,价格越高。根据竞争程度不同,企业定价策略会有所不同。

(8)产品维度分析指标

在产品维度分析中,一系列关键指标被用来评估产品的市场表现、盈利能力、竞争状况及政策影响。这些指标不仅帮助企业了解产品的当前状态,还为其未来的战略决策提供有力支持。产品维度分析指标及含义见表11-3所列。

表 11-3 产品维度分析指标

指标	含义	数据来源
主营产品的销售价格历史趋势	比较其价格与市价的关系,判断其市场地位	内部数据
主营产品的市场价格历史趋势		外部数据
主营产品的采购价格历史趋势	比较进销差价,判断其盈利区间	内部数据
主营产品的进销差价对比		内部数据
主营产品的厂商数量	判断竞争程度	外部数据
主营产品的国内外政策影响	判断政策对价格的影响	外部数据

第二节 数据准备——销售分析数据源说明

数据源为 AJHXJL 公司 ERP 系统中财务模块和销售模块的数据,该数据直接从 ERP 系统导出,经过格式转换,已上传内置在用友分析云中。本节销售分析的数据源表均在此处,分析时可以直接引用。本节财务报告分析的数据源表均为"XBRL",可以直接引用。

第三节　销售整体分析

一、销售收入总体分析知识导入

（一）确定分析目标

财务总监与管理层进行沟通,确定管理层想要了解的关于销售收入的信息,主要包括以下5个方面:

(1)直观展示出本期(2019年9月)集团总体销售收入与各子公司的收入情况。

(2)展示出母公司营业收入构成。

(3)展示出母公司收入是由哪些产品收入构成的。

(4)将母公司营业收入趋势变化与同行"金岭矿业"进行对比,判断其收入变化趋势是否与同行趋势相符。

(5)展示母公司营业收入趋势图,明细到季度,观察其营业收入是否有淡旺季之分。

（二）确定分析指标

根据分析目标,确定分析的指标与内容为本期集团营业收入、各机构本期营业收入、母公司营业收入结构、母公司各项产品收入构成、母公司历年营业收入横向对比、母公司营业收入趋势图(按季)。

（三）指标计算

以"本期集团营业收入"为例,具体操作步骤如下:

步骤一:新建故事板,将其命名为"销售收入整体分析",保存在"我的故事板"文件夹里。

步骤二:新建可视化,将其命名为"本期集团营业收入",数据表选择"销售收入汇总销售收入总体统计",该表存放在数据集销售分析文件。

步骤三:设置维度与指标。维度为空值;指标选择金额(汇总方式为求和)。

步骤四:设置图形,可以选择指标卡。

步骤五:设置过滤条件,由于是对2019年收入进行分析,所以需要添加一级子项,包含主营业务收入和其他业务收入;"年"等于"2019"。

步骤六:指标计算完毕,单击"保存"后选择"退出"。

需要注意的是,在计算各机构营业收入时,维度应该选择核算账簿名称,图形可以设置为条形图。使用"数据格式"对数值进行编辑,如单位为"元"改为单位为"亿元"。

其他指标按照前面章节操作步骤完成设置。

销售收入总体分析的故事板设计完成。

从用友分析云可视化结果可以看出,2019年集团收入为43.67亿元,其中AJHXJL公司为集团收入贡献主力公司,营收为17.38亿元,遥遥领先于其他机构营业收入。从

AJHXJL 公司利润表可以看出，该公司主营业务收入为 17.3 亿元，占公司收入的 99.69%，而铁精粉销售收入为 15 亿元，占主营业务收入的 86.56%，排名第二的产品是钼精粉，但销售收入与排名第一的铁精粉差距较大，钼精粉销售收入为 1.74 亿元，占 AJHXJL 公司收入的 10.01%；其他各类产品销售收入合计约 0.59 亿元，仅占 AJHXJL 公司收入的 3.43%。横向对比金岭矿业，AJHXJL 公司历年收入均好于对标公司，可见，AJHXJL 公司营业收入在行业内较为优秀。从 AJHXJL 公司季度销售收入来看，黑色金属矿采选行业并无明显淡旺季之分，且 2019 年 AJHXJL 公司销售收入一路攀升，第三季度销售收入为 6.78 亿元，较为领先，为历年各季度收入中的最高收入。

二、销售收入总体分析操作

（一）任务描述

2019 年 10 月 8 日，财务总监对 AJHXJL 公司销售收入的整体情况进行分析。分析要求体现集团收入与各机构收入情况、母公司营业收入结构、母公司各产品收入结构及母公司营业收入历年趋势。

（二）操作步骤

1. 本期集团营业收入

数据表：销售收入总体统计表。具体可视化设置步骤如下：

（1）可视化命名为本期集团营业收入。

（2）选择维度与指标：

① 维度：无；

② 指标：金额（求和）。

（3）添加过滤：

① 一级子项包含"主营业务收入""其他业务收入"；

② 年份＝2019。

（4）选择显示图形。

2. 各机构本期营业收入

数据表：销售收入总体统计表。具体可视化设置步骤如下：

（1）可视化命名为各机构本期营业收入。

（2）选择维度与指标：

① 维度：核算账簿名称；

② 指标：金额（求和）。

（3）添加过滤：

① 一级子项包含"主营业务收入""其他业务收入"；

② 年份＝2019。

（4）选择显示图形。

3. 母公司营业收入结构

数据表：AJHXJL 的利润表。具体可视化设置步骤如下：

(1)可视化命名为母公司营业收入结构。

(2)选择维度与指标：

① 维度：无；

② 指标：主营业务收入、其他业务收入。

(3)添加过滤：

年份＝2019。

(4)选择显示图形。

4. 母公司各项产品的收入构成

数据表：母公司主营销售收入分析表。具体可视化设置步骤如下：

(1)可视化命名为母公司各项产品的收入构成。

(2)选择维度与指标：

① 维度：产品名称；

② 指标：金额。

(3)添加过滤：

年份＝2019。

(4)选择显示图形。

5. 母公司历年营业收入横向对比

数据表：数据集(AJHXJL 公司和金岭矿业利润表合集)。具体可视化设置步骤如下：

(1)可视化命名为母公司历年营业收入横向对比。

(2)选择维度与指标：

① 维度：公司名称、年；

② 指标：营业收入。

(3)选择显示图形。

6. 母公司营业收入趋势图(按季)

数据表：AJHXJL 的利润表。具体可视化设置步骤如下：

(1)可视化命名为母公司营业收入趋势图(按季)。

(2)选择维度与指标：

① 维度：年、季；

② 指标：营业收入。

(3)选择显示图形。

第四节 客户维度分析

一、客户维度分析知识导入

(一)确定分析目标

通过对相关指标和数据的分析，了解公司的客户数量、客单价情况，以及哪些是公司的重要客户，再分析重要客户的历年销售趋势，进而判断公司客户关系的维护情况；了解内外部客户的占比,判断公司收入是源于外部还是内部。此外,通过分析客户销售区域分布,确定哪些地区是重点区域,哪些区域是可开拓区域。

(二)确定分析指标

根据分析目标,可以得出分析的指标有客户数量及客单价、客单价与客户数同比分析、客户销售地区分布分析、内外部客户销售额占比分析、外部客户销售额排名(TOP5)、TOP5 客户销售趋势图。

(三)指标计算

本案例以"客单价"为例,其指标设置步骤如下:

步骤一:新建可视化并将其命名为"客单价",数据表选择"客单价计算表",该表存放在数据集销售分析里。

步骤二:设置维度与指标。维度选择"年"(升序排列),指标选择"客单价"。指标中没有客单价,需要新建,单击指标旁边"+",新建字段信息名称为"客单价",字段类型为"数字",表达式为"销售金额/客户数量"。

步骤三:客单价可视化计算完毕,单据"保存",并"退出"。

(四)指标解读

应用用友分析云计算可以看出,AJHXJL 公司客户数出现跳跃式变动,2015 年、2017年及 2018 年 3 年客户数量都保持在 40 位以上,其中 2017 年最高,达 50 位,但 2016 年和2019 年 2 年客户数量却停留在 31 和 32 位,说明 AJHXJL 公司的客户存在一定的流动性,客户的稳定系数不是很高。通过分析客单价可以看出,AJHXJL 公司客单价总体呈上升趋势,虽然经过 2018 年的小幅度下滑,但 2019 年保持在 5416 万元水平上,但观其2019 年客户数量是呈下降趋势的,说明 AJHXJL 公司调整了销售政策,提高了产品销售价格。通过对 AJHXJL 公司内外部客户进行分析,可以看出从 2017 年开始,内部客户销售收入逐年递减,截至 2019 年仅存一位内部客户,销售收入为 1.62 亿元,占比为9.32%;而在外部客户排名中,排名第一的客户是 CDXTSC 矿业有限责任公司,该公司2019 年销售收入为 7.26 亿元,占 AJHXJL 公司全部销售收入的 41.91%,查看排名前七位的客户销售收入,占比合计 79.34%,这七位客户占 2019 年总客户数量(共 32 位客户)的 22%,基本符合 20%客户贡献 80%销售收入的二八原则。但外部客户中排名前二位的客户在公司销售收入中的占比高达 61.61%,若有其中一位客户流失或减少与AJHXJL 公司的交易,都会对 AJHXJL 公司的销售收入造成严重影响。从客户地区分布来看,销售收入居高的省份是河北省与天津市。

二、销售收入客户维度分析操作

(一)任务描述

2019 年 10 月 8 日,财务总监对 AJHXJL 公司销售收入进行客户维度分析。具体要求包括:

(1)分析的指标:客户数量、客单价。

(2)客单价与客户数同比分析。

(3)分析客户销售地区分布。

(4)分析内外部客户销售额占比。

(5)外部客户销售额排名(TOP5)。

(6)TOP5客户销售趋势图。

(二)操作步骤

1. 客户数量

数据表:客户销售情况表。具体可视化设置步骤如下:

(1)可视化命名为客户数量。

(2)新建计算字段:

客户数量＝distinctcount(客户档案名称)。

(3)选择维度与指标:

① 维度:年;

② 指标:客户数量。

(4)选择显示图形。

(5)排序。

2. 客单价

数据表:客单价计算表。具体可视化设置步骤如下:

(1)可视化命名为客单价。

(2)新建计算字段:

客单价＝销售金额/客户数量。

(3)选择维度与指标:

① 维度:年;

② 指标:客单价。

(4)选择显示图形。

3. 客单价与客户数同比分析

数据表:客单价计算表。具体可视化设置步骤如下:

(1)可视化命名为客单价与客户数同比分析。

(2)新建计算字段:

客单价＝销售金额/客户数量。

(3)选择维度与指标:

① 维度:无;

② 指标:客单价(同比)、客户数量(同比)。

(4)对指标即客单价、客户数量设置高级计算:

① 日期字段:日期　年;

② 对比类型:同比;

③ 所选日期:1年(2019年);

④ 计算:增长率;

⑤ 间隔:1 年(2018 年)。

(5)选择显示图形。

4. 客户销售地区分布

数据表:客户销售情况表。具体可视化设置步骤如下:

(1)可视化命名为客户销售地区分布。

(2)选择维度与指标:

① 维度:省份;

② 指标:金额。

(3)选择显示图形(建议图形:条形图或柱状图)。

(4)显示销售前五的地区。

5. 内外部客户销售额占比

数据表:客户销售情况表。具体可视化设置步骤如下:

(1)可视化命名为内外部客户销售额占比。

(2)选择维度与指标:

① 维度:客户分类;

② 指标:金额(求和)。

(3)选择显示图形。

6. 外部客户销售额排名(TOP5)及占比

数据表:客户销售情况表。具体可视化设置步骤如下:

(1)可视化命名为外部客户销售额排名(TOP5)及占比。

(2)选择维度与指标:

① 维度:客户档案名称;

② 指标:金额(求和)、金额(百分比)。

(3)设置过滤:

① 客户分类=外部客户;

② 年份=2019。

(4)选择显示图形(建议:表格)。

(5)查看排名前五的客户及其占比。

7. TOP5 客户销售分析

数据表:客户销售情况表。具体可视化设置步骤如下:

(1)先做客户的历年销售趋势分析:

① 可视化命名为 TOP5 客户历年销售趋势分析。

② 选择维度与指标:

1)维度:年;

2)指标:金额(求和)。

③ 设置过滤:

客户档案名称＝CDXTSC 矿业有限责任公司。

④ 选择显示图形。

⑤ 排序。

(2)新增可视化、计算 2019 年的同比增长率:

① 可视化命名为 TOP5 客户 2019 年同比增长率。

② 选择维度与指标:

1)列维度:客户档案名称;

2)指标:数量(同比)、单价(平均值)(同比)、金额(同比)。

③ 对指标即数量、单价(平均值)、金额设置高级计算。

1)日期字段:日期　年;

2)对比类型:同比;

3)所选日期:1 年(2019 年);

4)计算:增长率;

5)间隔:1 年(2018 年)。

④ 设置过滤:

客户档案名称＝CDXTSC 矿业有限责任公司。

⑤ 选择显示图形。

第五节　产品维度分析

一、产品维度分析知识导入

(一)确定分析目标

根据产品销售收入、销量、毛利率排名确定公司的金牛产品、明星产品、问题产品与瘦狗产品;分析金牛产品历年销售趋势,以及金牛产品销售同比增长及增长原因;分析产品毛利趋势变动。

(二)确定分析指标

根据分析目标,确定分析指标为各类产品的销售收入排名、销量排名、销售单价排名;主要产品销售收入与公司总销售收入的趋势;主要产品收入增长因素;产品毛利。

(三)指标计算

本案例从产品销售排名开始分析,具体操作步骤如下:

步骤一:新建可视化,将其命名为"产品销售收入排名",数据表使用"产品销售汇总表",该数据表存放在数据集"销售分析"。

步骤二:设置维度与指标。维度选择产品名称;指标选择金额(汇总方式为求和,升序排列)。

步骤三:设置图形,选择条形图。

步骤四:设置过滤条件,本案例分析的是 2019 年数据,所以设置年等于 2019。

步骤五:查看分析结构并按上述步骤完成销售量及单价排名。

二、产品维度分析操作

(一)任务描述

2019年10月8日,财务总监对 AJHXJL 公司销售收入进行产品维度分析。具体要求包括:

(1)根据产品销售收入、销量、毛利率排名能确定公司现金牛产品、明星产品、问题产品与瘦狗产品。

(2)现金牛产品历年销售趋势。

(3)现金牛产品销售同比增长及增长原因分析。

(4)产品毛利分析。

(二)操作步骤

1. **产品销售收入排名**

数据表:产品销售汇总表。具体可视化设置步骤如下:

(1)可视化命名为产品销售收入排名。

(2)选择维度与指标:

① 维度:产品名称;

② 指标:金额(求和)。

(3)过滤条件:

年份=2019。

(4)选择显示图形。

2. **产品销量排名**

数据表:产品销售汇总表。具体可视化设置步骤如下:

(1)可视化命名为产品销量排名。

(2)选择维度与指标:

① 维度:产品名称;

② 指标:数量(求和)。

(3)过滤条件:

年份=2019。

(4)选择显示图形。

3. **产品售价排名**

数据表:产品销售汇总表。具体可视化设置步骤如下:

(1)可视化命名为产品售价排名。

(2)新建计算字段:单价=金额/数量。

(3)选择维度与指标:

① 维度:产品名称;

② 指标:单价(求平均值)。

(4)过滤条件:

年份＝2019。

(5)选择显示图形。

4.营业收入增长趋势与铁精粉增长趋势对比

数据表:利润表-AJHXJL、铁精粉销售明细表。

第一步,营业收入增长趋势图,具体可视化设置步骤如下:

(1)可视化命名为营业收入增长趋势。

(2)选择维度与指标:

① 维度:年;

② 指标:营业收入。

(3)选择显示图形。

第二步,铁精粉销售趋势图,具体可视化级量步骤如下:

(1)可视化命名为铁精粉销售趋势。

(2)选择维度与指标:

① 维度:年;

② 指标:金额。

(3)选择显示图形。

5.铁精粉收入增长因素分析

要求:做出铁精粉的金额、数量、价格同比增长率。

数据表:铁精粉销售明细表。具体可视化设置步骤如下:

(1)可视化命名为铁精粉收入增长因素分析-单价。

(2)选择维度与指标:

① 维度:无;

② 指标:单价(平均值)。

(3)对指标单价设置高级计算:

① 日期字段:日期　年;

② 对比类型:同比;

③ 所选日期:0 年(2019 年);

④ 计算:增长率;

⑤ 间隔:1 年(2018 年)。

(4)选择显示图形。

复制该可视化,做数量的同比增长率分析。

6.产品毛利率(2019 年)

数据表:产品毛利表。具体可视化设置步骤如下:

(1)可视化命名为产品毛利率。

(2)新建计算字段:毛利率＝[avg(不含税售价 x)－avg(制造成本 x)]/avg(不含税售价 x)。

(3)选择维度与指标：

① 维度：产品名称；

② 指标：毛利率。

(4)选择显示图形。

(5)过滤条件：年份＝2019。

7. 产品毛利增长趋势

数据表：产品毛利表。具体可视化设置步骤如下：

(1)可视化命名为产品毛利增长趋势。

(2)新建计算字段：毛利率＝[avg(不含税售价 x)－avg(制造成本 x)]/avg(不含税售价 x)。

(3)选择维度与指标：

① 维度：年；

② 列维度：产品名称；

③ 指标：毛利率。

(4)选择显示图形。

第六节 价格维度分析

一、价格维度分析知识导入

(一)确定分析目标

了解了 AJHXJL 公司各类产品的情况，还需要进一步对各类产品做价格维度分析。重点要掌握金牛产品和明星产品价格的历史趋势，并收集现金牛产品与明星产品市场销售价格(2015～2019 年)，做成市场价格表，与 AJHXJL 公司产品价格作对比。

(二)确定分析指标

金牛产品是铁精粉，明星产品是钼精粉，可以分析的指标是铁精粉和钼精粉 2015 年至 2019 年销售价格趋势，并横向对比市场销售单价。

(三)指标计算

金牛产品销售单价价格历史趋势演示操作步骤如下：

步骤一：新建可视化，将其命名为"金牛产品市场价格趋势"，数据表使用"铁精粉市场价格_铁精粉价格走势 2015—2019"，该数据表存放在数据集"销售分析"里。

步骤二：设置维度与指标。维度需要新建一个"年－月的层级"，升序排列层级；指标选择市场价格。新建维度层级需要单击维度旁边"＋"，选择"层级"，设置层级名称"年穿透月"，穿透路径年到月。

步骤三：设置图形，可以选择折线图。

步骤四:金牛产品销售价格历史趋势可视化分析计算完毕,单击"保存",并"退出"。参考上述操作步骤可以把明星产品销售价格历史趋势分析云可视化计算出来。

(四)指标解读

从指标结果可以看出,金牛产品铁精粉销售单价整体呈上升趋势,2019 年的销售单位是 647.43 元,为 5 年来历史最高值,并且基本价格走势与铁精粉市场价格趋势基本一致。而明星产品钼精粉销售单价与铁精粉销售单价相差甚远,2018 年是 5 年历史最高值,高于市场上钼精粉的销售价格,但 2019 年下滑至 10.44 万元,低于市场价格。观察钼精粉市场销售单价,可以发现其基本上呈稳定的成比例上升趋势,但 AJHXJL 公司钼精粉销售单价增长趋势并没有与市场单价走势吻合,可见 AJHXJL 公司还需要做好对钼精粉销售单价的把控,加强销售价格的合理性。

二、价格维度分析操作

(一)产品销售历史价格分析

1. 任务描述

2019 年 10 月 8 日,财务总监对 AJHXJL 公司销售收入进行价格维度分析。具体要求为现金牛产品销售价格历史趋势和明星产品销售价格历史趋势。

2. 操作步骤

(1)现金牛产品销售价格历史趋势

数据表:铁精粉销售收入表。具体可视化设置步骤如下:

① 可视化命名为现金牛产品销售价格历史趋势。

② 设置层级:年-月。

③ 选择维度与指标:

1)维度:层级;

2)指标:单价。

④ 选择显示图形。

⑤ 选择穿透到月的显示图形。

⑥ 排序。

(2)明星产品销售价格历史趋势

数据表:钼精粉销售收入表。具体可视化设置步骤如下:

① 可视化命名为明星产品销售价格历史趋势。

② 设置层级:年-月。

③ 选择维度与指标:

1)维度:层级;

2)指标:单价。

④ 选择显示图形。

⑤ 选择穿透到月的显示图形。

⑥ 排序。

二、产品市场价格分析

（一）要求

收集现金牛产品与明星产品市场销售价格（2015～2019 年），做成市场价格表；将市场价格表上传，分析现金牛产品与明星产品历年价格趋势。

（二）现金牛产品市场价格趋势

数据表：铁精粉市场价格。具体可视化设置步骤如下：

（1）可视化命名为现金牛产品市场价格趋势。

（2）设置层级：年-月。

（3）选择维度与指标：

① 维度：层级；

② 指标：市场价格。

（4）选择显示图形。

（5）选择穿透到月的显示图形。

（6）排序。

（三）明星产品的市场价格历史趋势

在收集钼精粉市场价格时需要注意，市场价格大多是纯度为 99.95％的钼精粉价格，公司是将开采的钼精矿直接出售，而我国钼精矿中 Mo 的含量为 45％～47％。基于会计谨慎性原则，应选择 45％来作为钼精矿中 Mo 含量的依据。

数据表：钼精粉市场价格。具体可视化设置步骤如下：

（1）可视化命名为明星产品的市场价格历史趋势。

（2）设置层级：年-月。

（3）选择维度与指标：

① 维度：层级；

② 指标：市场价格。

（4）选择显示图形。

（5）选择穿透到月的显示图形。

（6）排序。

第七节 销售价格预测

一、销售价格预测内容

（一）案例背景

2019 年 10 月 8 日，AJHXJL 公司召开业务经营分析会，管理层要求财务总监预测下一期其主营产品铁精粉的销售价格，为编制下一期销售收入预算提供数据支持。

（二）任务目标

财务总监利用多元回归算法预测铁精粉销售价格。

(三)任务实现

为实现以上任务目标,需要完成以下 3 个步骤:

步骤一:确定销售价格的影响因素。

步骤二:收集影响因素的历史数据。

步骤三:对收集的数据进行清洗。

步骤四:使用多元回归算法进行价格预测。

二、销售价格预测实战

(一)价格影响因素信息收集

在课程平台下载"价格预测数据-学生下载表",依据表格中的项目上网收集"铁精粉国内产量""下游钢材价格""黑色金属矿采选业相关政策"。注意"黑色金属矿采选业相关政策"列入当期国家发布的相关政策条数。

(二)产品价格影响因素表数据清洗

2019 年 10 月 8 日,财务总监对产品价格影响因素表进行数据清洗,清洗要求为将空值用平均值填补,具体操作步骤如下:

(1)上传数据表。

(2)按字段清洗规则。

(3)清洗。

(4)下载数据表。

(三)多元回归预测产品销售价格

1. 任务描述

2019 年 10 月 8 日,财务总监根据收集的信息运用机器学习的多元回归方法对下期销售价格进行预测。

2. 操作步骤

(1)选择数据源:

① 点击"选择数据源",弹出右侧"选择数据源框"。

② 点击"上传数据源",弹出上传数据源框。

③ 点击或者通过拖拽文件到区域内完成上传,特别注意单个文件不能超过 4 M。

④ 上传数据后,点击"保存"。

(2)查看数据源:

① 点击"查看数据源"。

② 观察数据源,含有字段和数据。

③ 观察数据源是否还有缺失值、异常字符、异常值。

(3)配置模型 1:

① 点击配置模型,弹出模型库。

② 选择回归分析模型中的线性回归,弹出线性回归参数设置框。

③ 点击选择自变量和因变量中的相应字段。

（4）配置模型 2：

① 点击"自变量"，弹出选择字段框。

② 自变量为解释变量，选择相应解释变量字段，通过点击选择。

③ 将选择的字段放入右侧已选字段框中，勾选选择的字段，点击"确定"。

④ 因变量为被解释变量，选择被解释变量字段，点击"确定"。

⑤ 图中为所选定的自变量和因变量字段；自变量有下游钢材产量、下游钢材价格、国内市场价格；因变量为公司销售价格。

（5）配置模型 3：

① 测试集比例，是指回归模型机器学习中所用的测试集的比例，缺省值为 25%，这也意味着训练集比例是 75%。

② 截距项，是指回归模型是否有截距项，缺省为 True；如果设为 False，则在回归模型中不包括截距项。

③ 标准化，是指变量的正则化（标准化），采用变量减去均值后，除以标准差。缺省值为 False。当截距项选项设为 False 时，此选项无效。

④ 覆盖，是指自变量是否复制，缺省为 True，如果设为 False，则自变量会被覆盖。

（6）开始建模。

（7）查看建模结果。

（8）选择预测数据源：

① 点击"选择预测数据源"，弹出右侧"选择数据源框"。

② 点击"上传数据源"，弹出上传数据源框。

③ 点击或者通过拖拽文件到区域内完成上传，注意单个文件不能超过 4 M；上传数据后，点击"保存"。

（9）开始预测。

（10）查看预测结果。

第八节　项目测评

在用友分析云上提交企业销售分析报告，报告内容必须包括企业收入总体分析、客户维度分析、产品维度分析、价格维度分析，以及价格预测结果的解读与评价。

思政园地

作为将来的销售数据分析人员，学习者不仅要掌握分析技巧，还要秉持诚信、公正、负责任的原则，确保销售数据的真实性和准确性。在未来的实际工作中，在追求商业利益的同时，学习者应积极履行社会责任，关注客户需求，推动企业的可持续发展。通过销售分析与预测，学习者可以更好地把握市场动态，优化销售策略，提升企业竞争力；也要注重培养创新精神和实践能力，为我国的经济发展贡献自己力量。

第十二章　费用分析

【学习目标】

● 熟知企业的费用结构

● 掌握管理费用分析的应用

● 掌握销售费用分析的应用

● 掌握财务费用分析的应用

第一节　案例引入与前导知识

一、案例引入

（一）案例背景

2019 年 10 月 8 日，AJHXJL 公司召开业务经营分析会，要求财务总监对企业费用情况进行专项分析，对费用的异常项做洞察与溯源，深度挖掘，查明原因，为后续的经营决策提供数据支持。

（二）任务目标

财务总监从整体费用、管理费用、销售费用、财务费用四个方面展开分析，洞察数据背后的含义，溯源分析指标增减比率的合理性与异常项，为管理层后续决策提供支持。

（三）任务实现

为实现以上任务目标，需要完成以下 4 个步骤：

步骤一：整体费用分析。

步骤二：管理费用分析。

步骤三：财务费用的分析。

步骤四：销售费用的分析。

每一个维度的分析也是 4 个步骤，先是确定分析目标，再根据目标确定指标，然后对指标进行计算，最后对指标结果进行解读与分析。

二、前导知识

（一）费用整体分析指标

在企业财务分析中，费用整体分析是一个核心环节。通过评估各项费用与收入的关系，企业可以了解自身的成本控制水平、运营效率，以及与同行业标杆企业的对比情况。费用整体分析指标含义及数据来源见表 12-1 所列。

表 12-1　费用整体分析指标、含义及数据来源一览表

指标	含义	数据来源
费用收入比	反映费用与收入配比	内部数据
标杆企业费用收入比	与标杆企业对比	外部数据
本期管理费用率、销售费用率、财务费用率	分解三大费用与收入关系	内部数据
标杆企业本期管理费用率、销售费用率、财务费用率	与标杆企业对比	外部数据
管理费用率、销售费用率、财务费用率历史趋势	通过趋势观察变化	内部数据
标杆企业管理费用率、销售费用率、财务费用率历史趋势	与标杆企业对比	外部数据

(二)管理费用分析

1. 管理费用概念

管理费用指的是企业在日常运营中,为维持其行政管理部门正常运作而发生的各种费用。这些费用涵盖了多个方面,从管理人员薪酬到公司日常运营维护,再到一些与知识产权和资产相关摊销费用。这些费用都是企业在管理和组织经营活动中不可避免的支出。

2. 管理费用的核算范围

管理费用涉及内容广泛,具体包括以下几个方面:

(1)管理人员费用,包括基本工资、工资性补贴及职工福利费,这些都是为了激励和保障管理人员正常工作。

(2)企业办公费,涉及文具、纸张、账表、印刷、邮电、书报、会议等日常办公所需的一切费用,以及水、电、燃煤(气)等日常运营开支。

(3)差旅交通费,包括企业管理人员因公出差的旅费、探亲路费、劳动力招募费,以及离退休职工一次性路费和交通工具相关费用。

(4)固定资产使用费,指企业为管理目的而使用的固定资产,如房屋、设备、仪器等折旧费和维修费。

(5)其他费用,如职工教育经费、业务招待费、税金、技术转让费、无形资产摊销、咨询费、诉讼费、开办费摊销、上缴上级管理费、劳动保险费、待业保险费、董事会会费、财务报告审计费、筹建期间发生的开办费等。

3. 管理费用分析指标

管理费用率计算公式:

$$管理费用率 = 管理费用/主营业务收入 \times 100\%$$

这一指标反映了企业在经营过程中对管理费用的控制水平,以及这些费用对企业盈利能力的影响。较高的管理费用率可能意味着企业利润被过多管理费用所消耗,这通常需要企业加强对管理费用的控制,以提高盈利水平。

在进行管理费用率分析时,还需要注意以下两点:第一,由于管理费用中的大部分属于不变成本,随着销售额增长,管理费用率应呈现下降趋势。这意味着,随着企业规模扩

大,管理效率提高,单位销售额所需管理费用应逐渐降低。第二,不同行业管理费用率可能存在较大差异。例如,零售行业由于规模较小、运营简单,其管理费用率通常较低;而金融行业由于业务复杂、监管严格,其管理费用率可能较高。因此,在分析管理费用率时,需要考虑行业因素影响。

4. 管理费用分析方法

(1)结构分析

结构分析是管理费用分析的基础。它的核心思想是将管理费用拆解为各个子项,然后观察各个子项在总管理费用中的占比。这种分析方法有助于了解哪些费用项目占比较大,哪些费用项目是管理费用中的主要构成部分。例如,通过结构分析,企业可能会发现,差旅交通费或固定资产使用费是管理费用中占比最大的部分。一旦确定了这些关键费用项目,企业就可以更加有针对性地制定费用控制策略,如优化差旅计划、提高固定资产使用效率等,从而有效地降低管理费用。

此外,结构分析还可以帮助企业识别出可能存在浪费或低效使用的费用项目。例如,如果企业发现办公费用占比过高,那么可能需要重新审视办公资源的使用情况,如是否存在过度采购、浪费使用等问题。

(2)同比分析

同比分析是一种常用的时间序列分析方法,用于比较不同年份同一时期的管理费用。通过同比分析,企业可以观察管理费用的变化趋势,找出增长或下降异常的费用项目。

例如,如果企业在本年度第一季度管理费用同比去年有大幅增长,那么就需要进一步分析原因。可能是企业扩大了规模,增加了员工数量和管理层级,导致管理人员工资和福利费增加;也可能是企业加大了市场推广力度,导致业务招待费和广告费增加。通过同比分析,企业可以及时发现问题,并采取相应措施进行调整,如优化人员结构、调整市场推广策略等。

(3)数据洞察

数据洞察是对异常项进行深入分析的过程。在结构分析和同比分析的基础上,企业可能已经发现了一些增长或下降异常的费用项目。接下来,就需要对这些异常项进行深入的数据洞察,以了解其背后原因和影响因素。

例如,如果企业在同比分析中发现差旅交通费异常增长,那么可以进一步分析差旅次数、差旅目的地、差旅标准等数据,以找出差旅交通费增长的具体原因。可能是企业近期开展了一些跨地区的业务活动,导致差旅次数增加;也可能是差旅标准提高,如选择了更高级的酒店或交通工具。通过数据洞察,企业可以更加准确地了解问题所在,并制定相应解决方案。

结构分析、同比分析和数据洞察是3种相互关联、互为补充的管理费用分析方法。通过综合运用这3种方法,企业可以全面、深入地了解管理费用构成和变化趋势,从而更加精准地控制管理费用并提高管理效率。

(三)财务费用分析

1. 财务费用概念

财务费用是指企业为筹集生产经营所需资金等而发生的费用。具体项目包括利息净支出(利息支出减利息收入后的差额)、汇兑净损失(汇兑损失减汇兑收益的差额)、金融机构手续费及筹集生产经营资金发生的其他费用等。在企业筹建期间发生的利息支出,应计入开办费;为购建或生产满足资本化条件的资产发生的应予以资本化的借款费用,在"在建工程""制造费用"等账户核算。

2. 财务费用的核算范围

财务费用是企业财务活动中不可避免的一部分,主要涉及与资金运作相关的各种费用。这些费用反映了企业在筹集和使用资金过程中所产生的经济成本。财务费用的核算范围主要包括利息支出、汇兑损益、手续费和其他等,财务费用的核算范围如图12-1所示。

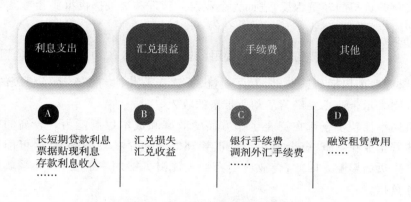

图 12-1 财务费用的核算范围

(1)利息支出

利息支出是企业为了筹集资金而需要支付给债权人的费用,包括长短期贷款的利息、票据贴现的利息及存款利息收入等。长期贷款利息通常是为了购置固定资产或进行长期投资而借入资金所产生的费用;短期贷款利息则是为了应对企业短期资金需求而借入资金所产生的费用。票据贴现利息是指企业将未到期票据转让给银行或其他金融机构以获取即时资金而支付的费用。此外,企业在银行的存款也会产生利息收入,这部分收入通常用于冲减利息支出。

(2)汇兑损益

汇兑损益是由于企业在进行外汇交易或持有外币资产和负债时,由于汇率变动而产生的收益或损失。当企业以外币进行交易或持有外币资产时,如果汇率发生变动,就会导致企业资产或负债价值发生变化,从而产生汇兑损益。汇兑损失是指企业在汇率变动中遭受的价值减少,而汇兑收益则是企业在汇率变动中获得的额外价值。

(3)手续费

手续费是企业在进行各种金融交易或操作时支付给金融机构的费用,包括银行手续费和调剂外汇手续费等。银行手续费通常涉及账户维护、转账、托收等日常银行业务,而调剂外汇手续费则是指企业在买卖外汇时支付给银行或外汇经纪商的费用。

(4)其他费用

除了上述费用外,财务费用还可能包括其他一些不常见的费用项目,如融资租赁费用等。融资租赁是指企业通过租赁方式获得资产使用权,并支付相应租金。这些租金包含了资产折旧费、利息及其他可能的费用,这些费用都会被纳入财务费用的核算范围。

财务费用的核算范围广泛,涵盖了企业在资金运作过程中所产生的各种费用。通过对这些费用进行准确核算,企业可以更好地了解其资金运作成本和效益,从而做出更加明智的财务决策。

3. 财务费用分析指标

财务费用率是一个用于衡量企业财务负担的重要指标。它表示企业在一定时期内所支付的财务费用与主营业务收入之间的比例关系。通过计算财务费用率,企业可以直观地了解其财务负担的轻重程度,进而为企业财务管理和决策提供重要参考。

财务费用率的计算公式:

$$财务费用率 = 财务费用 / 主营业务收入 \times 100\%$$

其中,财务费用包括利息支出、汇兑损益、手续费及其他与资金运作相关的费用;主营业务收入则表示企业主要经营活动所带来的收入。

财务费用率反映了企业在资金运作方面的效率和成本控制能力。较高的财务费用率可能意味着企业在筹资、资金使用或外汇管理等方面存在较高成本,这可能会对企业盈利能力产生负面影响。因此,企业应当密切关注财务费用率的变化,并采取相应措施来降低财务负担。

为了降低财务费用率,企业可以从以下几个方面入手:

(1)优化筹资渠道,企业可以通过比较不同筹资方式的成本效益,选择最适合自身的筹资渠道,以降低利息支出等财务费用;

(2)改善资金结构,企业可以合理调整资金结构,优化债务和权益比例,以降低财务风险和资金成本;

(3)提高资金使用效率,企业可以通过加强内部管理和资金调度,提高资金使用效率,减少不必要的资金浪费;

(4)加强外汇管理,企业可以密切关注汇率变动,合理安排外汇收支,以降低汇兑损益等财务费用。

通过以上措施实施,企业可以有效地降低财务费用率,减轻财务负担,提高盈利水平。同时,企业还应当持续关注财务费用变化趋势,及时调整财务管理策略,以适应不断变化的市场环境和经营需求。

(四)销售费用

1. 销售费用概念

销售费用是指企业销售商品和材料、提供劳务的过程中发生的各种费用,包括企业在销售商品过程中发生的保险费、包装费、展览费和广告费、商品维修费、预计产品质量保证损失、运输费、装卸费等,以及为销售本企业商品而专设的销售机构(含销售网点、售后服务网点等)的职工薪酬、业务费、折旧费等经营费用。企业发生的与专设销售机构相关的固定资产修理费用等后续支出也属于销售费用。

2. 销售费用的核算范围

销售费用是企业为销售商品、提供劳务而产生的，以及专设销售机构所发生的一系列费用。这些费用通常涉及以下 8 个方面。

(1)保险费

保险费是指企业为商品在运输、存储等过程中购买保险所支付的费用。这些保险通常是为了保障商品在流通过程中的安全，防止因意外事件导致损失。保险费是企业销售商品时不可避免的一项支出。

(2)包装费

包装费是指企业为商品提供包装材料或包装服务所发生的费用。包装是商品销售过程中的重要环节，它不仅能够保护商品，还能提高商品附加值，吸引消费者注意。包装费是销售费用的重要组成部分。

(3)展览费和广告费

展览费和广告费是企业为了宣传和推广商品而支付的费用。通过参加各种展览会和广告宣传活动，企业可以提高产品知名度，吸引更多潜在客户。展览费和广告费是销售费用中较为显著的一部分。

(4)商品维修费

商品维修费是指企业为已售出商品提供维修服务所发生的费用。为了保证商品的售后服务质量，企业需要投入一定的维修费用，以满足客户的维修需求。商品维修费是销售费用不可或缺的一部分。

(5)预计产品质量保证损失

预计产品质量保证损失是指企业为了弥补因产品质量问题可能给客户带来的损失而提前预计的费用。企业通常会根据产品质量历史数据和行业标准来估计这一费用。预计产品质量保证损失是销售费用中较为特殊的一部分，它反映了企业对产品质量的重视和承诺。

(6)运输费和装卸费

运输费和装卸费是指企业为将商品从生产地运至销售地所发生的费用。这些费用包括运输工具的租赁费、燃油费等，以及装卸过程中人工费、设备费等。运输费和装卸费是销售费用的重要组成部分，直接影响企业销售成本和竞争力。

(7)为销售本企业商品而专设的销售机构的经营费用

此费用包括销售网点、售后服务网点等机构的职工薪酬、业务费、折旧费等。这些费用是为了支持销售活动而发生的，包括销售人员工资、福利、培训费用等，以及销售机构日常运营费用，如租金、水电费等。此外，销售机构固定资产折旧费用也是销售费用的一部分。

(8)固定资产后续支出

企业发生的与销售商品和材料、提供劳务及专设销售机构相关的不满足固定资产准则规定的固定资产确认条件的日常修理费用和大修理费用等，也是销售费用的一部分。这些费用通常包括设备日常维护、保养和小型修理等，以及大型修理或更新改造费用。

这些支出虽然不满足固定资产确认条件,但它们是维持销售机构正常运营所必需的。

销售费用的核算范围广泛而复杂,涵盖了企业为销售商品和提供劳务所发生的多个方面费用。这些费用是企业销售成本的重要组成部分,对于企业盈利能力和竞争力具有重要影响。因此,企业需要合理控制销售费用,提高销售效率,以实现可持续发展。

3. 销售费用分析指标

销售费用分析是企业管理中至关重要的一环,企业可以通过一系列指标来评估销售费用的合理性、效率及对企业盈利能力的影响。

(1)销售费用率

销售费用率是指企业在一定时期内销售费用与主营业务收入之间的比例。

销售费用率的计算公式:

$$销售费用率 = 销售费用 / 主营业务收入 \times 100\%$$

这个指标反映了企业为取得单位收入所花费的单位销售费用,或者销售费用占据了营业收入的比例。

销售费用率可以反映企业在市场营销和销售活动上的投入力度。较高的销售费用率可能意味着企业在市场推广、销售团队建设、售后服务等方面有较大投入,但也可能意味着销售效率不高,需要进一步优化销售策略和流程。因此,企业需要对销售费用率进行定期分析,以评估销售费用的合理性和效率。

(2)销售费用与销售回款比

销售费用与销售回款比是指企业在一定时期内销售费用与销售回款之间的比例。通过计算销售费用与销售回款的比例,可以分析企业销售费用支出是否合理,以及销售团队的工作质量和效率。

若销售费用与销售回款比相对较高,可能意味着企业在销售过程中投入较多,但销售回款相对较少。这可能是销售策略不够精准、销售团队建设不足、市场竞争激烈等原因导致的。企业需要对销售费用和销售回款进行深入分析,找出问题所在,并采取相应措施进行优化。

(3)"销售费用-业务招待费"占销售回款比

业务招待费是销售费用中的一项重要支出,用于维护客户关系和促进销售。通过分析"销售费用-业务招待费"占销售回款的比例,可以评估企业在业务招待方面的投入是否合理。

若该比例相对较高,且市场人员人均回款和人均创收较低,企业需要考虑下面几点:首先,公司的发展阶段和行业地位是否需要较高的业务招待费用;其次,公司销售模式和销售团队能力是否与竞争对手存在差距;最后,公司对业务招待费预算、考核和内部控制是否存在不足。企业应根据实际情况进行调整和优化,以提高销售效率和盈利能力。

(4)"销售费用-差旅费"占销售回款比

差旅费是销售人员在开展销售活动过程中必然产生的费用。通过分析"销售费用-差旅费"占销售回款的比例,可以评估企业在销售分支机构分布、客户公关资源分配及差旅费预算控制等方面的合理性。

若该比例相对较高,且市场人员人均回款和人均创收较低,企业需要考虑下面几点:首先,公司对客户攻关资源分配是否较为分散且缺少重点;其次,销售分支机构分布是否合理,是否存在过多分支机构导致差旅费用增加;最后,公司对于销售费用-差旅费预算、考核和内部控制是否存在不足。企业应根据实际情况进行调整和优化,以降低差旅费用并提高销售效率。

(5)"销售费用-广告费"占销售回款比

广告费是企业为宣传和推广产品而支付的费用。通过分析"销售费用-广告费"占销售回款的比例,可以评估企业在广告投放上的策略和效果。

若该比例相对较高,且广告投放效果不佳,企业应分析广告投放渠道和受众对象是否存在较大差距。同时,企业还应考虑广告内容创意和吸引力、广告投放时机和频率等因素,以提高广告投放效果并降低广告费用。

销售费用分析指标可以帮助企业全面评估销售费用的合理性、效率及对企业盈利能力的影响。通过对这些指标进行深入分析和优化,企业可以提高销售效率和盈利能力,实现可持续发展。

第二节 数据源说明

数据源为 AJHXJL 公司 ERP 系统中财务模块和费用模块的数据,该数据直接从 ERP 系统中导出,经过格式转换,已上传内置在用友分析云中。本节费用分析数据源表均在此处,可以直接引用。

第三节 费用整体分析

一、费用结构分析

(一)任务描述

2019 年 10 月 8 日,财务总监分析本期费用结构,要求分析本期费用结构、对比标杆企业费用结构,以及对费用构成进行同比分析、对标杆企业费用构成进行同比分析并通过以上分析对该企业费用构成提出建议。

(二)操作步骤

1. 本期费用结构

数据表:利润表-AJHXJL。具体可视化设置步骤如下:

(1)选择维度与指标:

① 维度:无;

② 指标:财务费用、销售费用、管理费用。

(2)筛选:

年度=2019。

（3）选择显示图形（建议图形：饼图或环形图）。

2. 本期对标企业的费用结构

数据表：利润表-金岭矿业。具体操作步骤如下：

（1）选择维度与指标：

① 维度：无；

② 指标：财务费用、销售费用、管理费用。

（2）筛选：

年度＝2019。

（3）选择显示图形（建议图形：饼图或环形图）。

3. 三大费用同比分析

数据表：利润表-AJHXJL。具体操作步骤如下：

（1）选择维度与指标。

（2）选择显示图形（建议图形：表格）。

4. 对标企业三大费用同比分析

数据表：利润表-金岭矿业。具体操作步骤如下：

（1）选择维度与指标：

① 维度：无；

② 指标：财务费用、销售费用、管理费用；

③ 同比分析：2019 同比 2018。

（2）选择显示图形（建议图形：表格）。

二、费用比率分析

（一）任务描述

要求计算费用收入比、管理费用率、销售费用率、财务费用率，对费用收入比进行纵向分析与横向对比，以及通过比率的分析思考费用与收入之间的关系。

（二）操作步骤

1. 本期 AJHXJL 总费用收入比与各项费用收入比

数据表：AJ 与金岭数据集。

（1）进入可视化设置：

第一步，在指标下新建计算字段：

费用收入比＝［sum（管理费用）＋sum（销售费用）＋sum（财务费用）］＊100/sum 主营业务收入；

管理费用率＝sum（管理费用）＊100/sum（主营业务收入）；

销售费用率＝sum（销售费用）＊100/sum（主营业务收入）；

财务费用率＝sum（财务费用）＊100/sum（主营业务收入）。

第二步，选择维度与指标：

维度：无；

指标：费用收入比、管理费用率、销售费用率、财务费用率。

（2）设置过滤条件：

企业名称＝AJHXJL；年＝2019。

（3）选择显示图形（建议图形：表格或雷达图）。

2. 费用收入比趋势与横向对比

复制上一个看板，具体可视化设置步骤如下：

（1）选择维度与指标：

① 维度：年、公司名称；

② 指标：费用收入比。

（2）选择显示图形（建议图形：折线图）。

第四节　管理费用分析

一、管理费用分析

（一）任务内容

2019 年 10 月 8 日，财务总监对管理费用进行分析，要求分析管理费用历年金额、管理费用各子项构成，以及对各子项进行同比分析，找出同比增减最突出的项目。

（二）操作步骤

1. 管理费用历年走势

数据表：利润表-AJHXJL。具体可视化设置步骤如下：

（1）选择维度与指标：

① 维度：年；

② 指标：管理费用（求和）。

（2）选择显示图形（建议图形：折线图）。

2. 管理费用子项构成

数据表：管理费用统计表。具体可视化设置步骤如下：

（1）建立层级穿透：

层级名称：一级子项、二级子项、三级子项、四级子项。

（2）选择维度与指标：

① 维度：层级名称；

② 指标：金额（求和）。

（3）选择显示图形（建议图形：饼图）。

3. 管理费用子项同比分析

数据表：管理费用统计表。具体可视化设置步骤如下：

（1）选择维度与指标：

① 维度：一级子项；

② 指标:金额(求和)。

(2)对指标即金额(求和)设置高级计算:

① 日期字段:日期　年;

② 对比类型:同比;

③ 所选日期:0 年(2019 年);

④ 计算:增长率;

⑤ 间隔:1 年(2018 年)。

(3)选择显示图形(建议图形:表格)。

二、增减最突出的子项分析

(一)任务内容

对增减最突出的子项"中介机构费用"进行趋势分析,分析"中介机构费用"的明细构成及明细费用中"咨询费"暴增的原因。

(二)操作步骤

1. 2015—2019 年中介机构费用趋势

数据表:管理费用统计表。具体可视化设置步骤如下:

(1)选择维度与指标:

① 维度:年;

② 指标:金额(求和)。

(2)添加过滤:

一级科目＝中介机构费用。

(3)选择显示图形(建议图形:折线图)。

2. 增长最大的子项(中介机构费用)费用构成

数据表:管理费用统计表。具体可视化设置步骤如下:

(1)选择维度与指标:

① 维度:二级子项;

② 指标:金额(求和)。

(2)添加过滤:

一级子项＝中介机构费用。

(3)选择显示图形(建议图形:饼图)。

3. 中介机构费用-咨询费历年趋势

数据表:管理费用统计表。具体可视化设置步骤如下:

(1)选择维度与指标:

① 维度:年;

② 指标:金额(求和)。

(2)添加过滤:

① 一级子项＝中介机构费用;

② 二级子项＝咨询费。

（3）选择显示图形（建议图形：折线图）。

4. 中介机构费用-咨询费费用去向分析

数据表：咨询费明细表（2018—2019）。具体可视化设置步骤如下：

（1）选择维度与指标：

① 维度：咨询费支付机构；

② 指标：金额（求和）。

（2）选择显示图形（建议图形：饼图、环形图或表格）。

三、差旅费用数据洞察

（一）任务内容

分析各部门本期产生的差旅费，对差旅费发生最高的部门进行数据洞察，按人员进一步分析费用发生的合理性。

（二）操作步骤

1. 差旅费按部门分布

数据表：差旅费明细表（按部门）。具体可视化设置步骤如下：

（1）选择维度与指标：

① 维度：部门名称；

② 指标：金额（求和）。

（2）对指标即金额（求和）进行降序排列。

（3）显示设置：显示前 10。

（4）选择显示图形（建议图形：条形图、柱形图或饼图）。

2. 人力部门差旅费洞察

数据表：差旅费人事部明细。具体可视化设置步骤如下：

（1）选择维度与指标：

① 维度：报销人；

② 指标：金额（求和）。

（2）对指标即金额（求和）进行降序排列。

（3）显示设置：显示前 10。

（4）选择显示图形（建议图形：条形图、柱形图或饼图）。

最后，查看排名第一的人员差旅费的摘要信息，进一步判断其差旅费发生的缘由。

第五节　财务费用分析

一、任务内容

2019 年 10 月 8 日，财务总监对财务费用进行分析，要求分析财务费用历年趋势、财务费用各子项构成、财务费用子项同比增减及财务费用收入和支出项结构。

二、操作步骤

(一)财务费用历年趋势

数据表:利润表-AJHXJL。具体可视化设置步骤如下:

(1)选择维度与指标:

① 维度:年;

② 指标:财务费用(求和)。

(2)选择显示图形(建议图形:折线图)。

(二)财务费用子项构成

数据表:财务费用统计表。具体可视化设置步骤如下:

(1)建立层级穿透:

层级名称:一级子项、二级子项。

(2)选择维度与指标:

① 维度:层级名称;

② 指标:金额(求和)。

(3)选择显示图形(建议图形:条形图或柱形图)。

(三)财务费用各子项同比增减

数据表:财务费用统计表。具体可视化设置步骤如下:

(1)选择维度与指标:

① 维度:一级子项;

② 指标:金额(求和)。

③ 高级计算:同比,2019 同比 2018。

(2)选择显示图形(建议图形:表格)。

(四)财务费用支出项结构分析

数据表:财务费用统计表。具体可视化设置步骤如下:

(1)建立层级穿透:

层级名称:一级子项、二级子项。

(2)选择维度与指标:

① 维度:层级名称;

② 指标:金额(求和)。

(3)添加过滤:

金额>0。

(4)选择显示图形(建议图形:饼图或环形图)。

(五)财务费用收入项结构分析

数据表:财务费用统计表。具体可视化设置步骤如下:

(1)建立层级穿透:

层级名称:一级子项、二级子项。

（2）选择维度与指标：

① 维度：层级名称；

② 指标：金额（求和）。

（3）添加过滤：

金额＜0。

（4）选择显示图形（建议图形：饼图或环形图）。

第六节　销售费用分析

一、销售费用分析

（一）任务内容

2019 年 10 月 8 日，财务总监对销售费用进行分析，要求分析销售费用历年金额、销售费用各子项构成及对各子项进行同比分析。

（二）操作步骤

为实现上述任务，需要完成以下 3 个步骤：

步骤一：分析销售费用历年金额。

步骤二：分析销售费用各子项构成。

步骤三：对各子项进行同比分析。

二、销售费用分析实操

2019 年 AJHXJL 公司的销售费用率为 0.45，按照管理费用分析逻辑，对销售费用进行分析。

（一）确认分析目标与指标

要想了解销售费用管控是否还有上升的空间，需要掌握销售费用历年趋势及销售费用结构，并对费用构成做详细分析，洞察费用增减的原因，并给出合理建议。

（二）数据准备

本案例需要准备的数据除了 AJHXJL 公司利润表以外，还需要销售费用明细。

（三）指标计算

本案例先从管理费用历年趋势开始分析，具体操作步骤如下：

步骤一：新建故事板。进入 DBE 财务大数据课程平台，单击左侧"分析设计"，单击"新建"，弹出"新建故事板"对话框，将其命名为"销售费用历年趋势"，存放在"我的故事板"里。

步骤二：新建可视化。单击"可视化"中"新建"，弹出"选择数据集"对话框，依次单击"数据集""财务大数据""AJHXJL-利润表"，最后再单击"确定"。

步骤三：设置维度与指标。单击菜单"维度"左侧向下"↓"，选择"报表日期"，将其拖动至右侧维度区，同理单击"指标"左侧下拉箭头，选择"销售费用"将其拖动至右侧指标区。在"报表日期"选择"年"为"升序"，相同操作方式将指标"销售费用"选择"汇总方式"

为"求和"。

步骤四：设置图形。单击"图形"，选择"折线图"，销售费用可视化设置完毕，单击"保存"并"退出"，回到可视化看板。

步骤五：销售费用历年趋势图操作完毕，单击"保存"，并"退出"。参考该操作步骤，应用用友分析云，继续做销售费用各子项构成。

数据源："数据集"→"财务大数据"→"费用分析"→"销售费用明细"。

维度选择"四级科目"，指标选择"余额"。

三、指标解读

经过上述操作，从 AJHXJL 公司销售费用历年趋势图可以看出，AJHXJL 公司从 2015 年开始加大了销售费用支出来开发市场，销售费用为 1112613.34 元，主营业务收入为 1481075645.54 元，销售费用率为 0.075%，2016 年销售费用激增到 2635014.78 元，同比增加了 1522401 元，主营业务收入反而下降了 1228288374 元，因此销售费用率也随之变化为 0.21%。2017 年和 2018 年没有销售费用，到 2019 年，再次看到销售费用为 1801091.64 元，主营业务收入为 173312651622 元，销售费用率为 0.1%。其中 2015 年和 2016 年销售费用中的采矿外协合计为 2225226.68 元，占比为 55.2%，装卸运输为 1801091.64 元，占比为 44.73%。

通过对上述图片内容和指标分析可知，AJHXJL 公司销售费用在 2015 年和 2016 年呈现上升趋势，但是 2017 年和 2018 年却没有销售费用。通过相关数据分析及对相关业务人员问询得知，因为前期销售费用投入已经达到了销售预期，在随后的 2 年没有产生大额的销售费用，相关财务人员为了方便，将小额销售费用计入了管理费用，从而造成了销售费用为零的假象，建议财务管理人员按正确的科目去归集费用。在 2019 年，为了开拓新的市场，销售费用再次增加。

第七节　项目评测

在用友分析云上编制 AJHXJL 公司费用分析报告，总结三大费用的分析结果并提交。

思政园地

在费用分析实践中，学习者要秉持诚实守信的原则，确保费用数据的真实准确，不仅要关注企业的经济效益，还要关注费用使用的合理性和效益性，积极为企业发展贡献力量。费用分析可以更好地优化企业资源配置，提升运营效率，降低运营成本，为企业健康发展提供有力支持。为此，学习者要注重培养自己的创新思维和实践能力，不断提升自身综合素质，为实现企业的长远发展和社会共同进步贡献智慧和力量。

参 考 文 献

［1］中华人民共和国财政部．企业会计准则（2024 年版）［M］．上海：立信会计出版社，2024．

［2］吉姆・林德尔．大数据财务分析入门（第 2 版）［M］．北京：中国人民大学出版社，2022．

［3］张敏，王宇韬．大数据财务分析——基于 Python［M］．北京：中国人民大学出版社，2022．

［4］孙义，牛力，黄菊英，大数据财务分析（第三版）［M］．北京：中国财政经济出版社，2023．

［5］张洪波，财务大数据分析［M］．北京：高等教育出版社，2022．

［6］周冬华、杨彩华．财务大数据分析与决策［M］．北京：高等教育出版社，2022．

［7］财政部企业司．《企业财务通则》解读（修订版）［M］．北京：中国财经出版社，2010．

［8］林子雨．大数据技术原理与应用——概念、存储、处理、分析与应用（第 3 版）［M］．北京：人民邮电出版社，2021．

［9］文玉锋，赵雪梅．财务大数据分析与决策［M］．北京：清华大学出版社，2023．

［10］聂瑞芳，胡玉姣．财务大数据分析［M］．北京：人民邮电出版社，2022．

［11］高翠莲，乔冰琴，王建虹．财务大数据基础［M］．北京：高等教育出版社，2021．

［12］张立军，李琼，侯小坤．大数据财务分析（第 2 版）［M］．北京：人民邮电出版社，2023．

［13］龙月娥．Python 财务数据分析及应用［M］．北京：高等教育出版社，2022．

［14］李峰，杨俊峰，刘智英．大数据财务分析［M］．北京：中国铁道出版社，2023．

［15］冷雪艳，崔婧，黄媛．财务大数据分析［M］．北京：北京理工大学出版社，2023．

［16］徐晓鹏．大数据与智能会计分析［M］．重庆：重庆大学出版社，2023．

图书在版编目(CIP)数据

财务大数据分析与决策/揭志锋主编 . —合肥:合肥工业大学出版社,2024
ISBN 978 - 7 - 5650 - 6685 - 6

Ⅰ.①财…　Ⅱ.①揭…　Ⅲ.①数据处理　Ⅳ.①TP274

中国国家版本馆 CIP 数据核字(2024)第 037879 号

财务大数据分析与决策

揭志锋　主编　　　　　　　　　　　　责任编辑　王　丹

出　版	合肥工业大学出版社	版　次	2024 年 10 月第 1 版
地　址	合肥市屯溪路 193 号	印　次	2024 年 10 月第 1 次印刷
邮　编	230009	开　本	787 毫米×1092 毫米　1/16
电　话	基础与职业教育出版中心:0551 - 62903120	印　张	12.75
	营销与储运管理中心:0551 - 62903198	字　数	280 千字
网　址	press. hfut. edu. cn	印　刷	安徽省瑞隆印务有限公司
E-mail	hfutpress@163.com	发　行	全国新华书店

ISBN 978 - 7 - 5650 - 6685 - 6　　　　　　　　　　定价: 42.00 元

如果有影响阅读的印装质量问题,请联系出版社营销与储运管理中心调换。